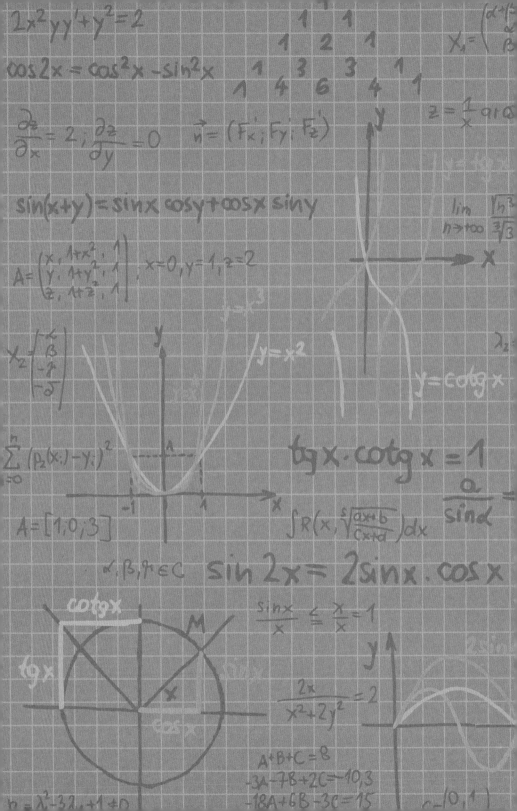

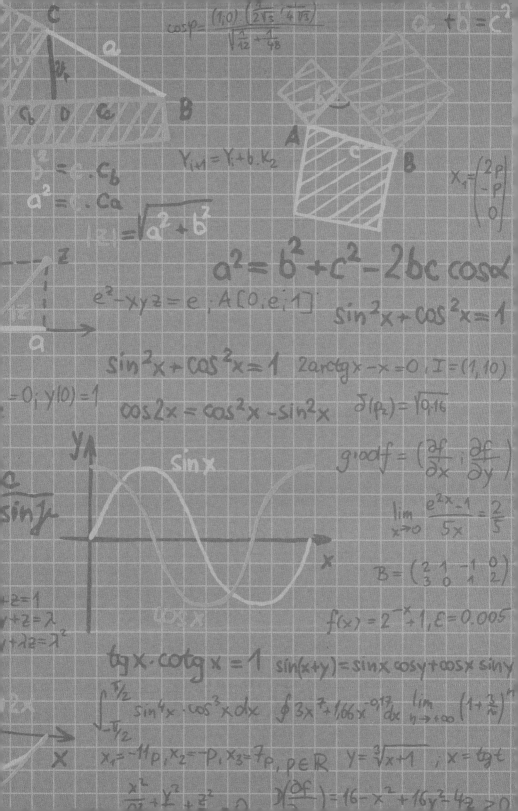

$\cos\varphi = \dfrac{(1,0)\cdot\left(\frac{1}{2\sqrt{3}}, \frac{1}{4\sqrt{3}}\right)}{\sqrt{\frac{1}{12}+\frac{1}{48}}}$

$c^2 + b = c^2$

C   a   B

$\overset{2}{}$ D

A   B

$b = c \cdot c_b$

$a^2 = c \cdot c_a$

$|z| = \sqrt{a^2 + b^2}$

$Y_{i+1} = Y_i + b \cdot k_2$

$x_1 = \begin{pmatrix} 2p \\ -p \\ 0 \end{pmatrix}$

z

a

$a^2 = b^2 + c^2 - 2bc\cos\alpha$

$e^2 - xyz = e \; ; \; A[0,e,1]$

$\sin^2 x + \cos^2 x = 1$

$\sin^2 x + \cos^2 x = 1 \quad 2\arctan x - x = 0 \; , \; I = (1,10)$

$= 0 ; \; y(0) = 1$

$\cos 2x = \cos^2 x - \sin^2 x \qquad \partial(p_2) = \sqrt{0,16}$

$\dfrac{a}{\sin\mu}$

$\sin x$

$\text{grad} f = \left(\dfrac{\partial f}{\partial x}, \dfrac{\partial f}{\partial y}\right)$

$\lim\limits_{x\to 0} \dfrac{e^{2x}-1}{5x} = \dfrac{2}{5}$

y

x

$B = \begin{pmatrix} 2 & 1 & -1 & 0 \\ 3 & 0 & 1 & 2 \end{pmatrix}$

$+z = 1$

$y + z = \lambda$

$+\lambda z = \lambda^2$

$\cos x$

$f(x) = 2^{-x} + 1, \varepsilon = 0.005$

$\text{tg}\,x \cdot \cot g\,x = 1 \quad \sin(x+y) = \sin x \cos y + \cos x \sin y$

X

$\displaystyle\int_{-\pi/2}^{\pi/2} \sin^4 x \cdot \cos^3 x\, dx \quad \oint 3x^7 + \frac{1}{66}x^{-0.17}\,dx \quad \lim\limits_{n\to+\infty}\left(1+\frac{3}{n}\right)^n$

$x_1 = -11p, x_2 = -p, x_3 = 7p, p\in\mathbb{R} \quad y = \sqrt[3]{x+1} \; ; x = \text{tg}\,t$

$\dfrac{x^2}{2} + Y^2 + z^2 \quad \left(\dfrac{\partial f}{\partial}\right) = 16 - x^2 + 16y^2 - 4z$

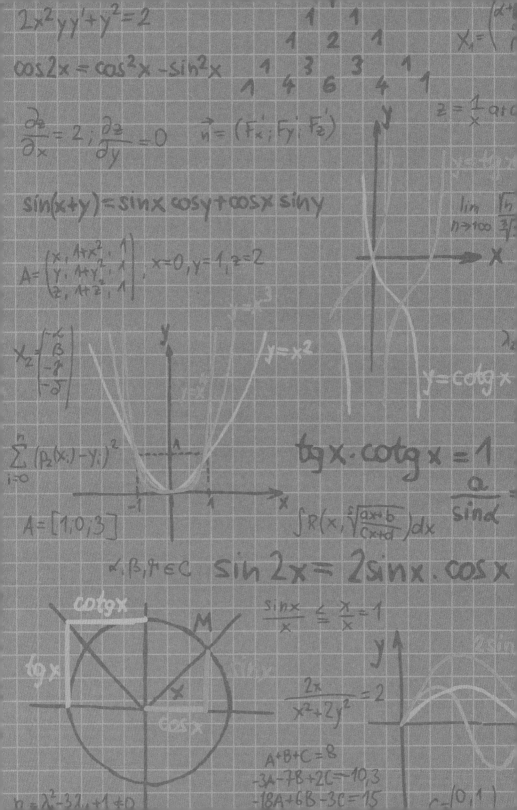

$2x^2 yy' + y^2 = 2$

$\cos 2x = \cos^2 x - \sin^2 x$

$\dfrac{\partial z}{\partial x} = 2 ; \dfrac{\partial z}{\partial y} = 0 \qquad \vec{n} = (F_x' ; F_y' ; F_z')$

$z = \dfrac{1}{x} \, arc$

$\sin(x+y) = \sin x \cos y + \cos x \sin y$

$\lim\limits_{n \to +\infty} \dfrac{\sqrt[n]{n}}{\sqrt[3]{}}$

$A = \begin{pmatrix} x, & 1+x^2, & 1 \\ y, & 1+y^2, & 1 \\ z, & 1+z^2, & 1 \end{pmatrix} ; \; x=0, y=1, z=2$

$X_2 = \begin{pmatrix} -\alpha \\ \beta \\ -\gamma \\ -\delta \end{pmatrix}$

$y = x^2$

$y = \cot g\, x$

$\sum\limits_{i=0}^{n} \left(p_2(x_i) - y_i\right)^2$

$A = [1, 0, 3]$

$tg\, x \cdot \cot g\, x = 1$

$\dfrac{a}{\sin \alpha}$

$\int R\left(x, \sqrt[5]{\dfrac{ax+b}{cx+d}}\right) dx$

$\alpha, \beta, \gamma \in C \quad \sin 2x = 2 \sin x \cdot \cos x$

$\cot g\, x$

$tg\, x$

M

$\cos x$

$\dfrac{\sin x}{x} \le \dfrac{x}{x} = 1$

$\dfrac{2x}{x^2 + 2y^2} = 2$

$A + B + C = 8$
$-3A - 7B + 2C = -10,3$
$-18A + 6B - 3C = 15$

$h = \lambda^2 - 3\lambda + 1 \neq 0$

'수학적 민감성'에 민감해지기

3년 전 유럽수학체험여행 이야기를 담은 『수학이 살아 있다』를 펴낸 이후 국내편을 내고자 하는 고민을 계속해 왔습니다. 책을 읽은 분들에게 가족끼리 쉽게 갈 수 있도록 우리 주변에서 찾을 수 있는 수학 이야기를 소개해 달라는 요청을 참 많이 받았기 때문입니다.

박물관 하면 수학이 쉽게 떠오르지 않을 테지만, 『수학이 살아 있다』 국내편에서는 서울에 있는 박물관 속에서 수학적 현상을 찾고자 했습니다. 조용하고 적막한 박물관에도 수학이 살아 있다면 수학은 없는 곳이 있을 수 없겠다고 생각했습니다. 그리고 덤으로 우리 조상들의 자랑스러운 유산을 확인할 수 있는 기회가 되리라 생각했습니다.

사실 수학은 박물관에만 있지 않습니다. 박물관 가는 길에도 있고, 박물관이 아닌 다른 곳에도 얼마든지 있습니다. 그러나 박물관에서 수학을 느끼고 발견하는 경험은 중요한 의미를 지닙니다. 인간에게는 전이 능력이 있기 때문입니다. 이는 응용 능력으로 볼 수도 있는데, 어느 한 가지를 정확하고 깊이 있게 경험하면 그때의 경험과 능력이 다른 분야로 옮겨 간다는 것이지요. 학습에서는 전이 효과라고도 합니다. 특히 수학의 모든 개념은 연결성이 강하기 때문에 어느 한 개념의 구조를 정확히 파악하는 학습을 하게 되면 그 경험과 능력이 다른 개념의 학습에 그대로 적용되는 효과가 나타납니다.

'수학적 민감성'이라는 단어를 만들어 사용한 지 벌써 몇 년째 되어 가지만 아직도 이 단어의 중요성은 세상에 널리 알려지지 않았습니다. 아니, 많은 이가 아직 그 필요성을 절감하지 못한 것으로 생각됩니다. 수학적 민감성을 지니고 일상에서 마주치는 일에 수학을 적용하는 태도의 중요성을 체감하지 못했기에 수학 문제집 푸는 시간도 부족한 학생에게는 수학적 민감성이 단지 배부른 소리일 뿐이라고 생각하는 것이지요.

수학 개념을 정확히 이해했다고 하는 것을 책에 나온 내용을 그대로 줄줄 말하고, 관련 문제를 풀 줄 아는 것으로 판단할 수도 있습니다. 하지만 학교에서 배운 수학이 구현되는 일상에 그 수학을 적용할 생각을 하지 못한다는 것은 아직 개념에 대한 이해가 충분하지 않다는 증거가 될 수 있습니다. 예를 들어 경쟁이 심한 사립유치원 원생 추첨에서 제비를 서로 먼저 뽑으려 하며 늦게 뽑을수록 손해라고 느끼는 것은 확률, 즉 분수의 개념에 대한 이해가 부족한 탓입니다. 여러 가지 할인 혜택을 두고 이익과 손해를 판단할 줄 모르는 것은 비율에 대한 이해가 부족한 탓이지요. 수학 시간에 다들 배웠지만 정작 활용하고 사용할 줄 모르는데, 이렇게 공부하는 것이 과연 좋은 방법일까요?

이 책은 주인공에 해당하는 초등학생 및 중학생에게 꼭 필요하며, 이들을 가르치는 교사나 학부모도 읽었으면 합니다. 학생들은 주인공이 된 심정으로 읽으면 간접 경험을 할 수 있을 것입니다. 수학은 교과서나 문제집 속에만 있지 않습니다. 일상에도 얼마든지 수학이 존재합니다. 특히 일상에서 수학적 민감성을 계속 발달시키면 수학 공부 시간을 늘리는 것과 같은 효과를 얻을 수 있습니다.

특히 이번 국내편에는 주인공 다빈이와 레오, 그리고 최박사의 대화를 많이 넣었습니다. 아이의 실수나 오개념 등도 자연스레 드러나 최박사와의 대화를 통해 스스로 교정해 나가도록 구성했습니다. 그래서 독자가 주인공이 되어 대화를 따라가다 보면 어느새 수학적 개념이 저절로 몸에 배는 신기한 경험을 하게 될 것입니다. 그리고 교사나 학부모는 교육을 하는 사람으로서 최박사의 역할에 주목하면서 읽기를 바랍니다. 아이들이 스스로 발견하도록 기다려 주고, 답을 가르쳐 주는 대신 호기심을 키우고 보다 다양한 사고를 발휘하도록 유도하는 질문을 던지는 등의 노하우를 얻을 수 있을 것입니다.

각 장의 말미에는 다빈이와 레오의 수학일기를 실었습니다. 아이의 시각으로 그 장에서 배운 수학적 개념을 정리한 것입니다. 그리고 이런 형식으로 독자가 일상에서 발견한 수학을 일기 형식으로 직접 '표현'한다면 더욱 큰 효과를 얻을 수 있을 겁니다. 학습에서 중요한 것은 아는지 모르는

지를 스스로 정확히 구분하는 것입니다. 모르는 부분은 다시 학습하면 그만입니다. 그런데 자기가 정확히 알지 못하면서도 안다고 착각하는 경우가 있습니다. 그럴 때 가장 좋은 방법은 '표현'하는 것입니다. 일기라는 '표현'을 통해 수학적 개념을 자신의 것으로 체화시키는 습관을 갖게 된다면 문제집을 푸는 것보다 훨씬 값진 공부가 될 것입니다.

이 책을 읽고 가족과 함께 가까운 박물관 산책에 나서 보기를 권합니다. 잠시나마 수학 문제집을 덮고 우리 생활 속에 깊숙이 들어와 있는 수학에 대해 생각해 보고, 수학과 조금이나마 친해지는 계기가 된다면 필자로서 큰 보람을 느낄 것입니다.

2017년 5월
최수일, 박일

차례

살아 있는 수학을 찾아서

왈!
왈!

으아~
공부하기 싫어!

나도, 누나.
수학은
너무 지겨워.
맨날 문제만 풀고….

아이참, 할 것은 또
왜 이리 많담? 잠깐
유행하다 없어질 거면서.

XX
계산법

이놈의 지긋지긋한 연산!
많이 풀면 성적이라도 오르든가!

선행학습은 또 뭐야?
그냥 수업 따라가기도
벅차다고!

인도
수학

선행
학습

연산

19단
외우기

얘들아~!

이제 고생 끝이다!
드디어 수학을 재미나게 가지고 놀
방법을 찾았어!

정말요?

아
그렇다니까!

착한수학

이거예요?
《착한 수학》?

착한수학

오오오~!

아니. 이것도
물론 훌륭하지만
딱 너희를 위한
방법을 찾았어.

아, 그게
뭔데요~?

빨리
얘기해
주세요!

아빠가 너희 이름을
왜 '레오'와 '다빈'으로
지었는지 아니?

아뇨.

레오

다빈

그건 아빠가
학창 시절에 수학을
지지리도 못했기
때문이란다.

엄마야

수학
25
점

그래서 레오나르도 다빈치
처럼 똑똑한 아이들이
되길 바라는 마음에서
이름을 그렇게 지었지.

이 안타까운 내력을 여기서 딱 멈추게 해줄 분을 모셔왔어. 아빠 선배인 최 박사님이야.

안녕?

안녕하세요.

그래.

너희들, 수학이 싫으니?

네.

솔직히 좀 많이 싫어요.

그렇구나.

너희들 혹시 수학의 전설에 대해 아니?

수학의 전설… 이요?

그래. 수학은 사실… 사실 말이야…

살아 있대!

먼 옛날 수학은 세상 모든 곳에 살아 숨쉬고 있었지. 오랜 세월 인간의 일을 도와주었어.

여어~ 잘 지내?

그럼!

그런데 언제부터인가 수학이 교과서와 문제집, 시험문제 안에 갇히기 시작했단다.

수학

늦은 밤, 문제집에 귀를 기울이면, 수학의 목소리가 들린대.

수학

꺼내줘.

꺼내 줘어~

역시 그랬군! 수수께끼는 다 풀렸어!
범인은 이 안에 있다!
내 수학 점수는 수학의 저주에
걸려 있던 거야!

수학을 꺼내주면
제 점수도 올라가나요?

그럼!

교과서 밖으로 수학을 꺼내서 살아 있는
수학을 만나러 가자! 어때?

좋아요!

네.

그런데 뭘
챙겨야 하나?

준비물은 3가지야.
초롱초롱한 눈!

반짝

반짝

쫑긋 세운 귀!

쫑긋!

그리고
각도기와 줄자!

5m

.그런 거야
자신 있죠!

출발~!

15

먼저 국립중앙박물관에 가서 동서남북 방위를 알아볼까?

우와!

방위를 알면 지도를 그릴 수 있었겠네요.

물론 이지.

그러면 하늘의 지도도 있었나요?

그럼~ 고구려 시대에 이미 천문도가 있었단다.

天象列次分野之圖

만 원짜리 지폐에 그려진 별자리 그림 이네요.

©Bank of Kore

10000 won

맞아. 세계에서 두 번째로 오래된 천상열차분야지도야.

16

박사님, 이건 가마솥 같아요.

으이구~ 또 먹는 얘기야?

헤헤~

아닌가?

이건 날짜와 시각을 동시에 알 수 있는 앙부일구란다.

아… 네.

모델하우스 같은 이 집은 뭐예요?

물을 이용한 자동 시계인 자격루야.

박물관 유물들이 살아 숨 쉬는 것 같아요.

그리고 그 속에 수학도 살아 있단다.

자, 본격적으로 수학과 역사가 살아 있는 박물관 산책을 떠나 볼까!

왈! 왈!

야호!!

서울 용산에 자리한 국립중앙박물관.
약 30만여 점의 유물을 소장하고 있는 우리나라 최대 박물관이다.

교과 내비게이션

누리과정
위치와 방향 → 초4-1
각과 각도 → 초5-1
**최대공약수와
최소공배수** → 초6-2
비율(할인) → 중1
수직이등분선

레오야!

응?

우리가 서 있는 곳을 기준으로 우리 집은 서쪽일까, 동쪽일까?

글쎄?

그건 나침반이 있어야 알 수 있는 거 아냐?

레오가 똑똑한걸^^

그런데 방향은 왜 물어본 거지?

네. 마을지도 그리기 숙제를 해야 해서요.

...

해가 뜨는 곳이 동쪽이고…

남산 있는 쪽이 북쪽…

그렇다면!

하늘의 별을
돌에 새기다

　하늘에는 셀 수 없이 많은 별이 떠 있어요. 옛날 사람들은 하늘에 이상한 일이 일어나면 두려움을 느꼈지요. 그래서 나쁜 일이 일어나지 않도록 하늘의 해와 달, 별을 향해 제사를 지냈어요. 그럼에도 이해할 수 없는 일이 일어나면 오랫동안 하늘을 살펴보았답니다.

　나라를 다스리는 데도 하늘의 변화가 중요했기에 사람들은 하늘의 별을 자세히 관찰하고 기록했어요. 그리고 밤하늘의 수많은 별을 지상에 옮겨 오기 위해 천문도를 만들었지요. 천문도는 하늘의 별(자리)을 지상으로 옮겨 평면에 그린 것입니다. 사람들은 고인돌 위에 구멍을 뚫어 별자리를 나타내고, 마을의 커다란 바위에 하늘에 떠 있는 별들을 새겨 두기도 했지요.

레오 "박사님! 옛날 사람들은 별자리를 바위나 돌 위에 새겼다고 하는데, 별자리 그림은 어떻게 만드나요?"

최박사 "음, 나도 별자리를 전공한 사람이 아니라 잘은 몰라. 같이 추측을 해보자."

다빈 "지도(地圖)의 '지' 자가 땅을 뜻하니까 별자리 그림을 지도라고 할 수는 없겠네요. 하지만 지도를 만드는 원리와 비슷할 것 같아요."

"지도를 만드는 원리가 뭔데?"

"각각의 위치를 정확한 축척에 따라 나타낸 게 지도잖아. 약도를 그리듯이."

"그럼, 하늘의 별자리 위치를 파악해서 그걸 축척에 맞게 그렸다?"

"그래, 하늘에서의 위치와 떨어진 거리 등을 재고 돌이나 바위에 상대적인 위치를 잡아 그리면 별자리 그림이 되지 않을까?"

"너희 추측이 맞을 것 같아. 별자리 그림이라고 해도 하늘의 실제 별자리와 맞아떨어져야 하니까 상대적인 위치가 정확할수록 좋은 별자리 그림이 될 거야. 다만 하늘은 우리가 직접 가볼 수 있는 곳이 아니고, 이쪽 끝에서 저쪽 끝까지 보려면 꼬박 하루를 돌아야만 하는데, 낮에는 밝아서 별이 떠 있어도 보이지 않고 밤에만 보인다는 사실을 염두에 두고 그림을 그린 선조들의 지혜는 분명 뛰어났다고 말할 수 있을 거야."

색과 동물로 방위를 나타내다

　고구려 사람들은 돌 위에 별들의 위치를 새겨 천문도를 만들었어요. 천문도를 그리려면 기준이 있어야 했지요. 이때 동서남북 방위가 중요했어요. 네 개의 방위가 정확하지 않다면 천문도를 그리기 어려우니까요.

　고구려인들은 100개가 넘는 무덤에 벽화도 그렸어요. 말을 타고 활을 쏘는 모습, 춤을 추는 사람 등 당시 생활 모습을 그린 벽화가 이미 많이 알려져 있는데, 당시 사람들은 무덤의 천장과 벽면에 별자리도 그렸어요. 죽은 후에도 하늘을 품고 싶었던 걸까요?

국립중앙박물관 고구려실에 재현되어 있는
강서대묘 벽화의 사신도

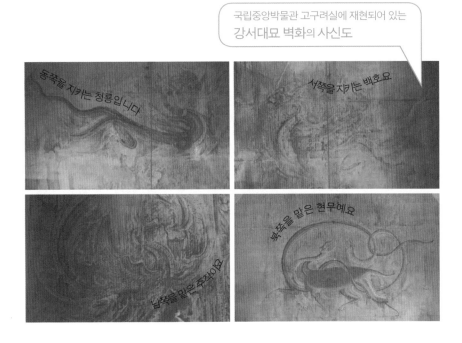

동쪽을 지키는 청룡입니다

서쪽을 지키는 백호요

남쪽을 맡은 주작이요

북쪽을 맡은 현무예요

무덤 안에는 네 방위를 정확히 알 수 있는 암호가 있어요. 암호를 푸는 것이 우리의 숙제겠지요.

국립중앙박물관 1층 중앙 통로를 따라 걸으면 '고구려실'이 나와요. 옛 무덤의 벽화를 한 면씩 떼어 내 꾸며 놓은 데다 어둡기까지 해서 실제 무덤 속에 있다는 생각을 하게 만드는 곳이에요.

(icon) "박사님! 이 깜깜한 무덤 속에서 어떻게 동서남북의 방위를 찾을 수 있어요?"

(icon) "빛이 들어오지 않는 공간이지만 우리 선조들은 벽화를 그릴 때 무덤 속에 방위를 표시해 두었거든. 너희, 풍수지리(風水地理)라는 말 들어 본 적 있어? 옛날 사람들은 집을 지을 때나 무덤의 위치를 정할 때, 방향과 위치를 중요하게 여겼어. 시신을 눕힐 때도 머리와 발끝의 방향을 중요하게 생각했기 때문에 무덤 안에서도 방위는 아주 중요하게 생각되었지."

(icon) "그렇다면 저도 이 무덤 안에서 표식을 찾을 수 있겠네요? 아, 혹시 동물인가요? 저기 용이랑 호랑이가 그려져 있고, 공작새, 거북도 있어요. 뱀은 거북을 휘감고 있고요."

(icon) "맞아. 그 동물들이 동서남북을 나타내. 그런데 선조들은 그림뿐만 아니라 색으로도 방향을 나타냈어. 동쪽을 상징하는 용은 푸른색으로 그렸는데, 그래서 청룡(靑龍)이야. 푸를 청, 용 룡. 마찬가지로 서쪽은 하얀색 호랑이, 즉 백호(白虎), 남쪽을 상징하는 공작은 붉은색으로

현무기(북)

백호기(서)

청룡기(동)

주작기(남)

국립고궁박물관에 전시되어 있는
사신도 깃발

그렸으니까 붉을 주를 써서 주작(朱雀), 북쪽의 거북은 검은색으로 그려 현무(玄武)라고 했던 거야. 이 네 가지 동물이 사신(四神)이고, 그렇다면 무덤 속 사신 그림은 사신도(四神圖)가 되겠지."

"그러고 보니 동청룡, 서백호, 남주작, 북현무라는 말을 들어 본 적이 있어요. 어떤 블로그에서 공주 공산성 위에 나부끼는 수많은 깃발을 설명하는 글을 읽었는데, 깃발의 색이나 배치 등이 송산리 6호 고분에서 출토된 사신도를 재현한 것이라고 했어요. 전설에나 나올 법한 동청룡, 서백호, 남주작, 북현무가 깃발의 주인공이라고요."

"방위를 나타내는 네 가지 색으로는 깃발을 만들어 군영의 위치를 구

별하기도 했어."

"깃발로 위치를 알 수 있다고요? 파랑, 빨강, 하양, 검정… 깃발 색이 이렇게 다양한데 어떻게 위치를 알 수 있어요?"

"레오야, 잘 생각해 봐봐. 박사님 말씀을 곰곰이 생각해 보니 난 알 것도 같아."

"어떻게? 잠깐 기다려 봐. 나도 생각해 볼게. 음… 아이고, 나는 잘 모르겠다."

"동청룡, 서백호, 남주작, 북현무, 이걸 떠올려 봐. 여기서 색깔만 생각해 보는 거지. 동쪽은 파랑, 서쪽은 하양, 남쪽은 빨강, 북쪽은 검정이잖아."

"오, 맞아. 거기에 가운데를 상징하는 노란색을 합치면 그게 바로 다섯 가지 방향을 상징하는 다섯 가지 색, 오방색(五方色)이야. 오방색 깃발을 각각 두 개씩 군영에 있는 네 개의 문과 중앙에 세워 위치를 표시한 거지. 와, 너희 스스로 앞서 이야기한 걸 연관시켜 생각하니까 연결성이 발휘됐네. 수학을 비롯한 모든 공부에서는 연결성이 가장 중요한 핵심이거든. 자기주도적으로 학습해 나가려면 이미 알고 있는 것에 새로운 사실을 연결하고 그 개념을 확장해 가는 작업이 중요하고. 이걸 개념학습법이라고 하는데, '최수일의 수학교육연구소' 카페에 3단계 개념학습법이 자세히 설명되어 있으니, 들어가 읽어 보면 도움이 될 거야."

그림자 길이로 남북 방향 알아내기

고구려인은 동서남북 방향을 어떻게 알아냈을까요?

방향은 시간을 통해 알 수 있지요. 해가 뜨고 지는 것으로 동쪽과 서쪽을 자연스럽게 알 수 있어요. 그런데 해가 뜨고 지는 방향은 매일 조금씩 바뀌기 때문에 남쪽과 북쪽의 방향을 정확하게 파악하는 것이 중요하죠.

동서남북의 방향을 정확히 아는 것은 천문도를 그릴 때뿐 아니라 우리 일상에도 필요해요. 지하철을 타고 낯선 곳에 갈 때, 우리는 지하철역 주변의 도로나 건물이 그려진 지도를 보지요. 지도에는 동서남북 방향이 표시되어 있어요. 우리나라 지도나 세계지도를 그릴 때도 기준이 되는 것은 동서남북이에요. 자동차의 내비게이터도 동서남북을 기준으로 위치를 나타내요. 수학의 좌표 개념도 같은 원리로 공간을 나눕니다. 그래서 동서남북의 방향을 좌표평면의 x축, y축으로 설명할 수 있지요.

좌표 개념은 중1 수학에서 소개되는데, 그 전 초등수학에서 정비례 관계나 반비례 관계를 그래프로 나타낼 때 사용하는 게 사실 좌표 개념이에요. 이때는 좌표라는 말을 사용하지 않을 뿐이지요.

지도라든가 칠판 등 평면에서는 기준을 정할 필요가 있고, 기준을 정하는 방법에는 여러 가지가 있지만 좌우와 상하의 방향을 기준으로 잡는 게 가장 편리한 방

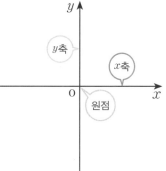

법임이 선조들의 경험으로 밝혀졌어요. 여기서 좌우, 즉 동서 방향을 가로지르는 직선이 x축, 상하, 즉 남북 방향을 가로지르는 직선이 y축인 것이지요.

😮 "지금까지는 무덤 속에 그려진 동물이나 천장에 새겨진 별을 보고 동서남북을 쉽게 알아냈는데, 밖에서는 어떨까? 방위를 찾을 수 있을까?"

😊 "해가 뜨는 곳이 동쪽, 지는 곳이 서쪽인 건 알지만 남쪽이나 북쪽은 전혀 모르겠어요."

😎 "저도요. 무덤 안에는 청룡, 백호처럼 방향을 알 수 있는 표시가 있는데 밖에 나오니까 막막해요."

😮 "사람들은 해가 동쪽에서 뜨고 서쪽으로 지기 때문에 동서 방향을 쉽게 알 수 있다고 생각하는데, 해가 뜨고 지는 방향은 늘 조금씩 달라지거든. 오히려 남쪽과 북쪽이 항상 정확하고, 쉽게 찾을 수 있는데, 낮에는 해의 이동, 밤에는 별의 이동에 따라 남북 방향을 찾을 수 있어."

😎 "해는 낮에만 뜨고, 별은 밤에만 뜨는데 그걸 어떻게 알아요?"

😊 "알았다! 낮 12시에 해가 떠 있는 위치가 남쪽이죠?"

😮 "다빈이가 거의 알아챘네. 동쪽에서 뜬 해가 남쪽 가장 높은 위치로 올라가는 때가 남중 시각이거든. 태양의 남중 시각이라고 하면 흔히 정오를 생각하는데, 그건 지역의 경도에 따라 차이가 있어. 『수학이 살아 있다』 1편에서 우리나라는 동경 135도를 표준시로 사용한다고

했는데, 기억나? 그런데 우리나라는 중국과 일본 사이에 있기 때문에 태양의 남중 시각이 정확히 12시는 아니야. 중국은 동경 120도, 일본은 동경 135도를 표준시로 쓰니까."

"그렇다면 우리나라 남중 시각은 낮 12시 이전인가요, 이후인가요?"

"한번 고민해 봐. 일본보다 실제 경도가 작다는 사실을 생각하면 추측할 수 있을 거야."

"그러니까 일본에서 낮 12시에 해가 남중한다고 생각하는 거죠? 우리나라는 동경이 120도와 135도 사이에 있으니까 일본보다는 실제 시간이 늦겠네요."

"맞아. 그럼 대략 얼마나 늦을까? 12시보다 늦다고만 생각하면 애매하지? 12시 1분일 수도 있고, 12시 반일 수도 있고, 1시나 1시 반일 수도 있으니까."

"더 정확한 시각을 어떻게 알 수 있어요?"

"이렇게 생각해 볼 수 있을까요? 우리나라도 지역마다 경도가 다르잖아요. 그럼 중국의 120도와 일본의 135도 한가운데 지점을 잡으면 거기는 경도가 127.5도잖아요. 중국과 일본의 시차가 한 시간이니까 우리나라 지역 중 경도가 정확히 127.5도인 지역에서는 태양의 남중 시각이 12시 30분이라고 생각할 수 있지 않을까요?"

"와, 누나 설명을 들으니까 이해가 돼요. 저는 막연하게 늦을 거라고만 생각했는데, 수치를 적용한 설명을 들으니까 교과서에서 배운 비와 비율이 생각났어요. 지도의 경도나 시간은 모두 정확한 비율로 하루를 나눠 놓은 거잖아요. 그걸 이용하니까 누나처럼 쉽게 설명할 수 있고요."

"그래, 다빈이가 정확했어. 수학교과서 속에는 여러 개념 중 세상 이치를 설명할 수 있는 내용이 포함돼 있어. 그러니까 좀 어려운 부분이 나오더라도 쉽게 포기하거나 무조건 싫어하지 말고, 일단 익혀 놓을 필요가 있는 거야. 이럴 때 이용할 수도 있으니까."

"태양의 남중 시각이 지역에 따라 다르다면 정오를 기준으로 남쪽을 찾는 것에도 오차가 있겠네요. 그럼 어떻게 해를 이용해서 남북 방향을 알아낼 수 있어요?"

"해를 보고 해가 가장 높이 떠 있는 순간을 포착해야 할 텐데, 가능할까?"

"해를 쳐다보면 눈이 나빠질 텐데요. 엄마는 선글라스 끼고 바라보는 것도 위험하다고 하셨어요. 저는 한 번도 직접 바라본 적이 없어요. 그럴 수도 없고요."

"직접 보는 대신 다른 방법을 이용해야지. 강렬한 햇빛도 문제지만 너무 커서 정확한 방향을 알기도 어려워."

"하늘에 해 말고 또 뭐가 있는데요? 구름? 구름 속으로 들어가면 해를 볼 수 없잖아요."

"아, 그림자는요? 해가 움직이면 그 방향을 따라 그림자도 움직이잖아요."

"그림자? 그럼 해가 낮게 뜬 아침이나 저녁에는 그림자 길이가 길고,

해가 높이 뜬 한낮에는 길이가 짧아지는 현상을 이용해야 하나요?"

"그렇지. 제법 접근했어."

"그렇다면… 운동장에 막대기를 한 개 세우고, 막대기 끝에 점을 찍어 표시를 하는 거예요. 해가 움직일 때마다 그림자도 움직이면 점이 여러 개 생길 거고, 그중 그림자 길이가 가장 짧을 때 표시한 점을 찾으면 돼요. 아, 그런데 점의 위치가 남쪽인지, 북쪽인지… 남쪽은 점이 아니고 방향이잖아요. 뭔가 놓친 것 같은데요."

"아, 답을 찾을 수 있을 것 같아. 우리가 지금 그림자만 생각하고 있는데, 우리가 찾는 건 해의 위치잖아. 그림자 길이가 가장 짧을 때 표시한 점의 정반대편에 태양이 있으니까, 그 그림자 끝에서 막대기 끝을 바라보면 그 방향이 남쪽 아닐까? 박사님, 맞아요?"

"그렇지. 그 반대편은 북쪽이고, 남북 방향에 수직으로 선을 그으면 동서 방향이 되지. 둘이서 생각을 모아 정확한 답을 찾아내다니, 너희가 의도한 건 물론 아니겠지만 집단지성, 동반성장이 뭔지를 보는 현장에 내가 있는 거네. 자, 이 부분은 해시계 편에서 더 자세히 알아보고… 그럼 밤에는 어떻게 방향을 알아낼 수 있었을까?"

"밤에도 그림자를 이용하기는 어려울 것 같고…."

"힌트 하나 줄까? 일단 해와 달의 차이를 생각해 봐. 여름에는 해가 일찍 뜨고 늦게 지지. 겨울에는 반대로 늦게 뜨고 일찍 지고."

"아, 달은 일찍 뜬 날 일찍 지고, 늦게 뜬 날 늦게 져요."

"과학 시간에 배웠는데, 달이 떠 있는 시간은 변하지 않는데 달이 지구 주위를 공전하기 때문에 달이 뜨는 시각이 하루에 50분씩 늦어지는 거래요."

"박사님, 그렇게 되면 달의 남중 시각이 12시가 아닐 텐데, 어떻게 남북 방향을 알 수 있어요?"

"자, 이제 별에게서 답을 얻을 수 있어. 여름방학 시골 할머니 댁에 갔을 때를 떠올려 봐. 밤에 할머니 댁 마당에 누워 밤하늘의 무수히 많은 별을 올려다본 적 있지? 그때 별의 움직임 중에서 뭐 특이한 점 없었어?"

"별똥별은 많이 봤는데, 특이한 점은 없었어요. "

"그래? 달과 달리 별은 북극을 중심으로 시계 반대 방향으로 회전하거든. 네가 있는 곳에서 대략 북쪽에 있는 별 한 개를 점 찍고, 그 별이 뜨고 지는 지점을 찾아보는 거야. 그럼 두 지점을 잇는 선분의 수직이등분선이 정확히 남북을 가리키는 방향이 돼."

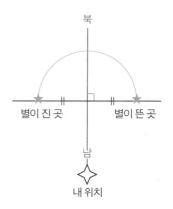

그러고 보니 별자리 지도와 사신도 등에는 여러 가지 수학적 요소가 담겨 있었네요. 상상하지 못한 곳에서 수학을 발견하는 경험을 했어요. 이제 이동하는 길에 간식을 준비하러 마트에 들를 텐데, 혹시 여기서도 수학을 발견할 수 있을까요?

초콜릿 속에 담긴 수학

"오늘 우리 일행은 어른 둘, 학생 열 명이야. 박물관을 탐사하다 보면 다리도 아프고 배도 고프니까 중간에 간식이 필요할 거야. 간식으로 초콜릿을 준비할 건데, 종류가 두 가지야. A 초콜릿은 한 박스에 여섯 개가 들어 있고, B 초콜릿은 한 박스에 네 개가 들었어. 그럼, 우리 일행 열두 명 모두가 A 초콜릿과 B 초콜릿을 각각 똑같은 개수만큼 나눠 갖고 남는 게 없으려면 두 가지 초콜릿을 몇 박스씩 사야 할까?"

"식은 죽 먹기예요. 구구단으로 풀면 돼요. A 초콜릿은 두 박스, B 초콜릿은 세 박스 사면 돼요."

"그렇게 사면 한 사람에게 몇 개씩 돌아가는데?"

"A 초콜릿 두 박스는 열두 개니까 열두 명에게 각각 한 개씩 돌아가고, B 초콜릿 세 박스도 열두 개니까 마찬가지로 각각 한 개씩이에요."

"레오야, 잠깐. 박사님, 질문이 뭐였죠? 두 종류의 초콜릿을 각각 똑같은 개수만큼 나눠 갖는 조건이지요?"

"내가 답을 다 냈는데 뒤늦게 왜 끼어드는 거야? 이런 문제는 나도 간단히 해결할 수 있다고."

"네 생각이 틀렸다는 게 아니고, 조건이 좀 이상해서. A 초콜릿하고 B 초콜릿 개수가 같기만 하면 되니까, 이게 간단한 문제가 아니야."

"잠깐만, 그러니까 하나씩 갖는 것만 답이 아니라 다른 답도 나올 수 있다는 거야? 히히, 기왕이면 많이 받아야지. A 초콜릿을 세 박스 사면 열여덟 개니까 열두 명이 나눌 수가 없고, 네 박스를 사면 스물네 개니까 두 개씩 받을 수 있어. 마찬가지로 B 초콜릿은 여섯 박스를 사서 두 개씩 나눠 줄 수 있고. 그러면 답이 두 개인 거네."

"아이고, 기왕이면 많이 받고 싶다면서 겨우 두 개씩에서 끝났어? 초콜릿을 더 많이 사면 얼마든지 받을 수 있잖아."

"나도 알아. 박사님 주머니 사정 생각해서 두 개씩에서 멈춘 거야. 이렇게 사면 끝없이 살 수 있다는 게 정답인 거지?"

"둘이 잘 정리했어. 최소 개수라는 단서가 없으면 답이 끝도 없이 나오겠다. 그런데 그사이에 부모님 세 분이 같이 가시기로 해서 우리 일행이 열다섯 명이 됐어. 다시 계산해야겠지? 이번에는 각각 똑같이 나누지 않고 그저 남김없이 나눠 보자. 그럼 초콜릿을 최소한 몇 상자씩 사야 할까?"

"최소한이니 좀 쉽겠다. 제가 해볼게요. A 초콜릿은 두 박스를 사면 세 개가 모자라니까 세 박스를 사고, B 초콜릿은 세 박스를 사면 세 개가 모자라니까 네 박스를 사면 돼요."

"그럼 초콜릿이 남잖아."

"어, 그럼 어떻게 하지? A 초콜릿을 두 박스 사면 모자라고 세 박스 사면 남으니까… 2.5박스? B 초콜릿은 $3\frac{3}{4}$박스? 이렇게도 파나요?"

"아니, 그럼 안 되지. 문제의 조건을 추가해서 낱개로는 살 수 없다고 하자."

"A 초콜릿을 다섯 박스 사면 30개니까 두 개씩 나눌 수 있어요. 그런데 B 초콜릿은 어떻게 해야 할지 모르겠어요."

"A 초콜릿이 다섯 박스라는 건 어떻게 계산했어?"

"레오가 2.5박스라고 했잖아요. 낱개로 살 수 없으니 두 배를 했죠."

"아, 알았어요. B 초콜릿은 열다섯 박스를 사면 60개가 돼서 네 개씩 나눌 수 있어요."

"어, 맞아. 그렇게 하면 남는 게 없어. 너 어떻게 알았어? 그런데 잠깐, 최소라는 조건은 만족하나? 더 적은 개수면 안 돼?"

"누나, 최소공배수를 생각해 봐. 일행이 열다섯 명, 한 상자에 네 개니까 15와 4의 공배수면 남는 게 없는 상황이 되는데, 여기서 최소라는 조건에 따라 최소공배수를 구하는 거야."

"나도 최소공배수 아는데 왜 적용하지 못했지? 아, 박사님. 저는 왜 수학을 잘하지 못하죠?"

"책에서 배운 수학을 실제에 적용하는 건 쉬운 일이 아니야. 익숙하지도 않고. 그래서 우리가 체험 활동을 다니는 거지. 체험을 자주 해서 수학적 민감성을 키우면 앞으로 어렵지 않게 적용할 수 있을 거야. 자, 그럼 다빈이가 A 초콜릿 구입 개수를 다시 정리해 볼까?"

"네, 그럴게요. A 초콜릿을 남김없이 열다섯 명에게 똑같이 나눠 주려면 초콜릿의 개수는 15의 배수여야 해요. 낱개로 살 수 없으니 초콜릿 개수도 6의 배수가 될 수밖에 없어요. 그래서 결국 우리에게 필요한 초콜릿 개수는 두 수 15와 6의 공배수인데, 구하는 조건이 최소 개수니까 15와 6의 최소공배수인 30이 답이에요. 그래서 두 개씩 나눌 수 있어요."

"이로써 너희는 교과서에서 배운 수학을 직접 체험하게 된 거야. 앞으로도 책상에서만 수학을 공부하고, 의자에서 일어나면 수학을 버리는 우를 범하지 않으면 좋겠다."

레오의 일기

제목 : 수학적 민감성

오늘 하루는 정말 즐거웠다. 박물관에서, 그리고 박물관 밖에서 직접 방향을 찾아본 일이 기억에 남는다. 신기하고 뿌듯한 경험이었다. 간식을 사면서 최대공약수와 최소공배수 등을 생각할 때는 『착한 수학』에서 본 장면이 떠올랐다.

지금 다시 책을 펼쳐 훑어보니, 수학 개념을 이해했다는 것은 교과서 내용을 외우고 문제를 풀 수 있다는 의미가 아니라 일상에서 개념을 적용할 수 있을 때 그냥 지나치지 않는 것이라는 말이 딱 지금 내 생각을 나타내 준다.

그런데 아까 간식으로 초콜릿을 살 때, 처음에는 최소공배수 개념을 떠올리지 못했다. 최대공약수와 최소공배수 문제를 그렇게나 많이 풀고, 그 뜻도 정확히 말할 수 있는데, 실제로는 수학적 사고를 적용하지 못한 것이다. 박사님은 이걸 수학적 민감성이라고 하셨는데, 아직은 수학적 민감성이 부족한 게 분명하다.

그러나 수학적 민감성은 후천적으로, 얼마든지 습관에 따라 길러질 수 있다고 하셨으니까 오늘부터 '수학적 민감성'을 마음에 새기고, 경험하는 모든 것에 수학을 적용해 보는 습관을 가지려 한다. 히히, 이러다

'수학 바보'가 되는 건 아닌지 모르겠다.

일단 부엌에서 볼 수 있는 온갖 수학을 찾아 정리해야겠다. 엄마한테 알려 드리면 엄마도 놀라실 거다. 이제 곧 저녁 시간이니 전자레인지에 동그랑땡을 데우고 가스레인지에 라면을 끓이려면 어느 것을, 어떤 순서로 하는 것이 효율적일지 생각해 봐야겠다. 각각에 걸리는 시간을 먼저 계산할까? 벌써 수학이 일상으로 들어가고 있다. 박사님은 수학일기를 쓰면 이해력과 논리적 사고력이 향상된다고 하셨는데, 내 방식으로 수학 개념을 정리하는 공간으로 삼다 보면 성취감도 느낄 수 있을 것 같다.

같이 생각해 봐요

주방이나 마트에서 엄마와 함께 수학을 찾아 적용하고 싶다.

02

비와 비율을 이용한 지도 제작

성신여자대학교 박물관에 있는 천상열차분야지도의 탁본.
조선시대에는 왕조의 정체성을 홍보하기 위해
천상열차분야지도를 필사하거나 탁본을 제작하였다.

교과 내비게이션

초3-2
원

초5-1
약수와 배수

초6-2
축척과 원주율

초6-2
비율그래프

중2
기울기

수학II
거듭제곱근

미적II
라디안

남북 방위를 어떻게 찾는지
이제 이해했니?

네, 박사님!

그런데 지도는
땅을 그린 그림
이잖아요.

왈!

왈!

하늘을 그린 그림도 있어요?

진짜…

옛날부터 하늘을 관측했다고 하니
어딘가 있지 않을까?

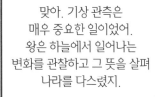

맞아. 기상 관측은
매우 중요한 일이었어.
왕은 하늘에서 일어나는
변화를 관찰하고 그 뜻을 살펴
나라를 다스렸지.

그런데 땅은 정확한 축척에 따라
나눌 수 있지만 하늘은
무한하잖아요.

그래서 천문학을
'왕의 학문'이라고 했단다.

아하.

어떻게
나눠요?

정확한 비율로 만들어진 천상열차분야 지도

왕의 상징이었던 천문도는 1만 원권 뒷면에서 볼 수 있어요. 천문 관측 기구인 혼천의 아래 바탕에 깔린 별자리 그림이 바로 그것이지요. 이건 고구려 천문도를 바탕으로 조선시대에 새로이 만든 것이에요. 중국의 순우 천문도에 이어 세계에서 두 번째로 오래된 것이지요. '천상열차분야지도'라고 부릅니다. 이름이 참 길지요? 천문도나 성도라고 불러도 될 텐데, 이토록 긴 이름을 붙인 이유가 무엇일까요?

우선 이름에 담겨 있는 의미를 하나하나 살펴보지요. 천상(天象)은 하늘의 여러 가지 변화하는 모습을 뜻합니다. 별과 별자리의 움직임이 그런 변화지요. 열차(列次)는 화물열차의 열차가 아니에요. 차례대로 죽 늘어선 모

양을 말해요. 하늘을 적도를 따라 12차로 나누어 차례로 늘어놓았다는 뜻
이에요. 마지막으로 분야(分野)는 하늘을 별자리에 따라 28구역으로 나누
고 이를 땅에도 적용한 것을 뜻해요. 옛날 사람들은 하늘의 별자리와 지상
세계는 하나로 통한다고 생각했어요. 그래서 별이나 별자리의 변화는 인
간 세계도 변하게 하는 징조라고 여겼죠. 성경에도 예수가 태어났을 때 동
방박사들이 별을 따라 찾아왔다고 기록되어 있고, 동양에서도 하늘의 별과
별자리를 곧 지상 세계에서 일어나는 현상과 연결 지어 생각했던 거예요.

1만 원 지폐에 그려진
천상열차분야지도

고개를 젖히고 올려다본 하늘이 얼마나 넓은지 궁금했던 적 있지요? 이렇게 드넓은 하늘을 어떻게 구분 지을 수 있을까요? 또 하늘에 떠 있는 별은 어떻게 기록할 수 있을까요?

여기 A4 사이즈의 종이 세 장이 있어요. 각각에 서울시, 서초구, 방배동의 지도를 그린다고 생각해 보세요. 어떻게 그리면 되겠다는 것이 어렴풋이나마 떠오를 거예요. 먼저 서울시 지도를 그리고 그중 서초구를 골라 그린 후 다시 거기서 방배동을 골라 그리는 거죠. 점차 자세하고 정확한 위치를 보여 주는 지도가 완성될 거예요.

"하늘은 넓고 별은 셀 수도 없이 많은데 그걸 어떻게 종이에 그려요?"

"하늘과 별을 종이에 담는 건 쉬운 일이 아닐 거야. 우선 우리가 지도에 대해 이미 알고 있는 사실에서부터 사고를 연결하는 추론 작업을 해보자."

"지도는 땅을 그린 거예요. 사회 시간에 공부했어요. 땅은 엄청나게 넓은데 그걸 어떻게 종이에 그릴 수 있었을까요?"

"4학년 사회과부도 기억 안 나? 책 속 지도를 보면 실제 거리를 얼마나 줄여 놓았는지 그 비율을 나타내는 축척이 있잖아."

"아, 기억나. 지도 아래쪽에 있는 숫자 말하는 거지? 1 : 5,000이라고 적혀 있었던 것 같은데…."

"1 : 5,000이 무슨 뜻일까?"

"실제 거리보다 지도가 작으니까 실제로는 5,000센티미터, 그러니까 50미터 거리를 지도에서 1센티미터로 나타낸 건가요?"

"그렇지. 종이를 복사할 때 축소복사나 확대복사를 선택할 수 있는데, 그건 실제 크기보다 작거나 크게 복사하는 거잖아. 1 : 5,000이라는 비율은 $\frac{1}{5,000}$로 축소를 했다는 말이 되지."

"그럼 축척이 1 : 100인 지도에서는 실제 거리 계산을 어떻게 해요?"

"거꾸로 생각하면 되지 않을까? 1 : 100은 $\frac{1}{100}$로 축소한 거니까 지도에서의 1센티미터가 실제로는 100배인 100센티미터, 즉 1미터가 되는 거지."

"6학년 수학 시간에 비와 비율인가, 거기서 1 : 100이라고 하면 왼쪽 숫자는 비교하는 양, 오른쪽 숫자는 기준량이라고 했던 것 같아요. 꼭 '100에 대한 1의 비'로 표현하라고 했어요. 비율은 (비교하는 양)÷(기준량), 즉 $\frac{(비교하는 양)}{(기준량)}$으로 정했고요. 그렇게 되면 1:100이라는 비의 비율은 $\frac{1}{100}$이 되는 거죠?"

"저도 중2 수학교과서 일차함수에서 기울기는 'x의 값의 증가량에 대한 y의 값의 증가량의 비율'이라고 배웠는데, 갑자기 분수로 (기울기) $= \frac{(y의 값의 증가량)}{(x의 값의 증가량)}$이라고 표현돼서 깜짝 놀랐어요. 다행히 『개념연결 초등수학사전』에서 그런 내용을 봤던 게 기억나서 다시 찾아봤는데, 비와 비율의 뜻과 표현이 어렵기도 했지만 수학적으로 정확히 표현되는 게 중요하다는 생각을 하게 됐어요."

일반적으로 일차함수 $y=ax+b$에서 x의 값의 증가량에 대한 y의 값의 증가량의
비율은 항상 일정하며, 그 비율은 x의 계수 a와 같다.
이 증가량의 비율 a를 일차함수 $y=ax+b$의 그래프의 기울기라고 한다.
위의 내용을 정리하면 다음과 같다.

●일차함수의 그래프의 기울기●
일차함수 $y=ax+b$의 그래프에서

$$(\text{기울기}) = \frac{(y\text{의 값의 증가량})}{(x\text{의 값의 증가량})} = a$$

"초등학교 사회 시간에 배운 축척과 수학 시간에 배운 비와 비율, 그리고 중학교 수학 시간에 배우는 기울기가 멋있게 연결됐네. 지도 얘기로 돌아와서, 종이에는 땅을 실제 크기 그대로 그려 넣을 수가 없기 때문에 축소를 하는데, 이걸 자로 잰 듯이 정확하게 줄인다는 뜻으로 줄일 축, 자 척, 축척(縮尺)이라고 표현하는 거야."

"박사님, 방금 핸드폰 지도 앱을 열어 보니까 여기에도 축척이 표시돼 있어요. 그런데 확대하면 축척이 변해요. 손가락으로 지도를 확대하고 축소시키면 축척이 변해요."

"지도를 확대하면 핸드폰 화면에 보이는 장소가 줄어들지? 반대로 축소하면 보이는 넓이가 커지고. 자, 그럼 여기서… 하늘의 별을 종이에 옮기려면 어떻게 해야 할까?"

"하늘은 너무 넓어서 한 장의 종이에 다 넣을 수 없으니 똑같은 축척을 정해서 옮겨야 하지 않을까요? 지도 위 건물처럼 별과 별 사이 거리를 재서 그리면 될 것 같아요. 그러려면 먼저 하늘을 나눠야 해요.

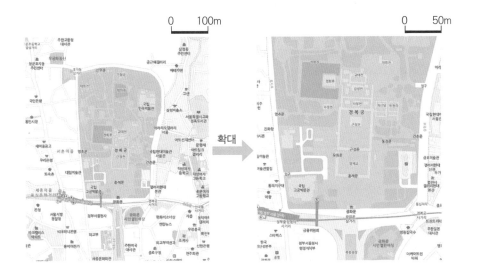

한 번에 다 그리기 어려우니까 나눠서 그리면 하늘의 지도가 완성될 것 같아요."

"맞아요. 하늘을 지도의 구역처럼 나눠 그리면 될 것 같아요."

"그렇지. 하늘을 작게 나눈다면 하늘의 공간이 더 분명해질 거야. 하늘 역시 동서남북으로 나눈 뒤 지도처럼 좌표를 표시하고 별을 그리면 위치를 정확하게 나타낼 수 있어. 이때 하늘의 구역을 별자리라고 불러. 별자리와 함께 표시된 별들의 수가 천상열차분야지도에는 1,467개나 있고. 망원경이 없던 시절에 맨눈으로 관찰한 별의 숫자래. 그리고 땅의 지도를 보며 하늘의 지도를 상상하는 것, 연결성이지. 어떤 공부를 하든지 이전에 배운 것과 연결해 보는 게 중요해. 참, 하늘의 별 지도 앱도 있으니 밤하늘 별자리를 볼 때 활용할 수 있을 거야."

하늘을 둥글게 그리다

천상열차분야지도를 좀 더 자세히 살펴볼까요? 천상열차분야지도는 천문도와 해설 부분으로 나뉘어요. 먼저, 별이 그려진 천문도에는 같은 중심을 가진 원 네 개와 중심이 다른 원 한 개가 있어요. 얼룩진 것처럼 보이는 부분은 밤하늘에 펼쳐진 은하수예요. 원의 중심에서부터 세 번째 원 안에는 별과 별자리가 그려져 있어요.

우주에서 보면 지구는 아주 작은 공처럼 보여요. 지구라는 작은 공이 하늘이라는 큰 공 안에 들어 있는 모습을 상상해 보세요.

지구에는 남반구와 북반구를 나누는 적도가 있어요. 지구의 중심에서 적도를 하늘 방향으로 무한대로 늘렸을 때 하늘과 맞닿는 곳이 천구의 적도예요. 천상열차분야지도의 테두리 부분은 적도를 따라서 하늘을 열두 부분으로 나눈 거예요. 정확히 12등분은 아니지만 각의 크기가 거의 같죠. 각의 크기와 관련 내용은 천상열차분야지도 오른쪽 윗부분(구성도의 A1)과 왼쪽 윗부분(A2)에 쓰여 있어요.

열두 개 각의 크기를 좀 더 살펴보자면, 각의 크기가 30도인 부분은 여섯 군데, 31도인 부분은 다섯 군데이고 한 군데는 $30\frac{1}{4}$도예요. 각각을 곱하고 더해 봅시다. $30 \times 6 + 31 \times 5 + 30\frac{1}{4} \times 1 = 365\frac{1}{4}$이므로, 모두 $365\frac{1}{4}$도입니다.

원의 중심에서 생기는 각은 360도인데, 뭔가 좀 다르지요? 우리 조상이 기록할 때 실수를 한 것일까요?

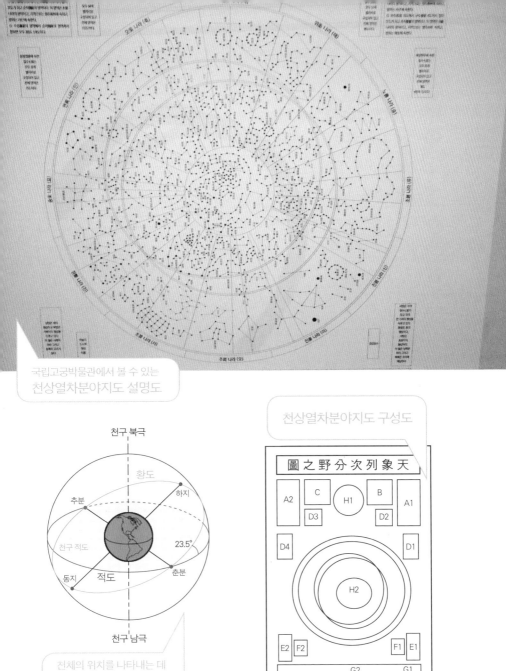

국립고궁박물관에서 볼 수 있는
천상열차분야지도 설명도

천상열차분야지도 구성도

천체의 위치를 나타내는 데
사용되는 가상의 구, 천구

😎 "박사님, 원은 360도인데, 왜 360도보다 $5\frac{1}{4}$도 더 커요?"

😊 "오, 좋은 질문이야. 우리 조상들은 왜 원의 각도를 $365\frac{1}{4}$도로 썼을까? 이 수와 연관되어 생각나는 게 있을까?"

😊 "아, 365일이요. 1년은 365일이잖아요. 그럼 $\frac{1}{4}$은 뭐지?"

😎 "$\frac{1}{4}$이 1년 365일과 관련 있을 것 같은데…."

😊 "아, 모르겠어."

😊 "1년이 정말 365일일까?"

😊 "아, 366일인 해도 있었어요. 2월이 28일이 아니라 29일인 해가 윤년 맞죠? 2016년에도 2월이 29일까지 있었어요."

😎 "박사님, 그럼 윤년은 몇 년마다 와요?"

😊 "4의 배수인 해에 오니까 4년마다 오지."

😊 "2016도 4의 배수 맞네요."

😎 "뭐야. 벌써 계산 다 한 거야? 2016을 4로 나누면 되는 거지? 나도 계산해 봐야지."

😊 "그래, 확인해 봐."

😎 "2016을 4로 나누면… 몫이 504, 나머지가 0이야. 4의 배수 맞네! 누나는 암산한 거야? 어떻게 그렇게 빨리 계산했어?"

😊 "전에 4의 배수 판정하는 방법을 배웠잖아. 기억 안 나?"

😎 "까먹었어."

😊 "100은 4로 나누어떨어지는 수잖아. 그러니까 4의 배수라고 할 수 있지? 그럼 100보다 작은 두 자리 수가 4의 배수인지 아닌지만 판단

하면 쉽게 알 수 있어. 16은 4의 배수니까 2016도 4의 배수가 되는 거야."

"아하! 이제 기억났어. 8의 배수 판정하는 방법도 알아. 1000이 8의 배수니까 157480과 같은 큰 수가 8의 배수인지 판정하려면, 1000보다 작은 480이 8의 배수인지만 따져 보면 되는 거지? 그럼, 157480도 8의 배수인 거고."

"와, 너희가 배수 판정법에 정통해 가다니, 뭐든 가르쳐 주고자 하는 의욕이 마구 생긴다. 자, 어서 본론으로 돌아가 원의 각을 왜 $365\frac{1}{4}$도로 측정했는지 생각해 보자."

"계속 생각해 봤는데요, 4년마다 하루가 늘어나는 거니까 1년으로 치면 $\frac{1}{4}$일이 늘어난다고 할 수 있을까요?"

"1년마다 $\frac{1}{4}$일이 남으니까 이걸 네 번 모아 29일을 만들고 윤년이 생긴 거죠? 그렇다면 1년의 길이는 정확히 $365\frac{1}{4}$일이라고 할 수 있겠네요?"

"아주 정확해. 보충 설명을 하자면, 이때는 1년을 365.2425일로 계산했어. 그게 지구의 공전 주기인 건데, 그럼 평년만으로는 달력의 계절과 실제 계절이 어긋나게 되거든. 그래서 365일을 제외한 시간을 모아 4년에 한 번 하루를 추가해서 어긋나는 부분을 조절하게 된 거지. 이렇게 하면 2월 29일은 4년에 한 번씩 돌아오고."

"그럼 천상열차분야지도를 그릴 때 이 공전 주기에 맞춰 하늘을 그린 거네요? 우아, 그 옛날에 어떻게… 정말 대단하다. 그런데 왜 하늘을 원 모양으로 그렸어요?"

"우리 조상들은 하늘은 둥글고 땅은 모났다고 생각했거든. 그래서 하늘을 둥글게 표현한 거지."

"그래서 원 안에 별들을 그려 넣었나 봐요. 그럼 왜 $365\frac{1}{4}$을 12로 똑같이 나누지 않고 30도, 31도… 이렇게 조금씩 차이 나게 나눴어요? 제가 그렸다면 똑같이 나누었을 것 같은데요."

"그건 별을 보면서 생각해 보자."

"별이요? 별하고 하늘을 차이 나게 나누는 게 상관이 있어요?"

"별… 별자리… 천상열차분야지도를 보면 별자리로 나뉘어 있으니까… 혹시 별자리랑 관련이 있나?"

"별자리?"

"응. 각도를 정확하게 나눈 뒤 별자리를 그려 넣은 게 아니라, 별자리를 보면서 적당히 나누다 보니까 조금씩 차이가 생겼을 것 같아."

"내 말이 그 말이야. 천상열차분야지도의 가장 바깥 부분에 있는 두 동심원 사이의 12지는 원을 열두 개로 나누고 있지만 12등분한 건 아니야. 최대한 비슷하게 30도 여섯 칸, $30\frac{1}{4}$도 한 칸, 31도 다섯 칸으로 나누었지. 이들의 합은 물론 $365\frac{1}{4}$도고."

하늘을 품은 돌

 돌에 새겨진 그림에서는 가장자리 원 안에 백양궁(白羊宮), 사자궁(師子宮), 인마궁(人馬宮) 등 무슨무슨 궁(宮)이라고 쓰여 있는 걸 볼 수 있는데, 여기서 궁은 임금이 사는 궁궐이 아니에요. 황도 12궁(黃道十二宮)의 궁이죠. 천문학에서 황도는 태양의 궤도, 즉 태양이 지나는 길을 뜻해요. 황도 가까이에 위치한 열두 개 별자리를 황도 12궁이라고 부른답니다.

 천문도 도판 좌우에 있는 네 개의 작은 사각형(D1, D2, D3, D4)에는 전체 28개 별자리의 도수가 설명되어 있어요. 이를 통해 28개 별자리가 일곱

세종대왕릉에 자리하고 있는
천상열차분야지도

개씩 배치되도록 넷으로 나뉘었다는 걸 알 수 있지요. 네 각의 크기는 각각 75도, 112도, 80도, $98\frac{1}{4}$도고, 더하면 $365\frac{1}{4}$도가 된답니다.

중1 수학교과서에서 각은 한 점에서 나간 두 개의 반직선이 이루는 도형 혹은 반직선 하나가 변이 되어 회전한 크기임을 배우는데, 이 내용은 전체를 1이라 하고 1을 여러 개로 나누는 분수의 개념과 연결돼요. 한 개의 변이 한 점을 중심으로 회전할 때, 시작한 곳에서 다시 시작한 곳까지 한 바퀴 회전한 크기를 몇 개로 나누느냐 하는 문제는 1을 몇 개로 나누느냐 하는 문제와 같죠. 서양에서는 원을 360도로 나누었고, 한자를 쓰는 나라에서는 $365\frac{1}{4}$로 나누었어요. 그렇다면 전체를 720도나 100도로도 나눌 수 있지 않을까요?

"박사님, 원의 각도가 꼭 360도인 것만은 아닌가 봐요."

"우리가 일상에서 가장 많이 사용하는 각도가 360도인 거고, 필요에 따라 다양한 각도를 써."

"계산기에서는 각도 단위를 DEG, RAD, GRAD 중 고르게 되어 있던데, 그건 뭐예요?"

"보통은 DEG에 맞춰져 있을 텐데, DEG는 디그리(degree), 즉 각도라는 뜻을 가진 단어의 약자야. 원 한 바퀴를 360도라고 정했을 때 이 단위를 쓰는 거지. 수학에서는 이걸 60분법이라고 하는데, 이 방법은 바빌로니아 시대부터 사용된 것으로, 60진법의 영향을 받은 법칙이야."

"그럼 RAD와 GRAD는 뭐예요?"

"RAD는 라디안이라는 각도 단위인데, 고등
학교에서 배우게 될 거야. 오른쪽 그림을 봐
봐. 호의 길이가 반지름의 길이 r과 같은 호
AB를 잡을 때, 호에 대한 중심각 AOB의 크
기는 원의 크기와 관계없이 항상 일정하지.
이때 ∠AOB의 크기를 1라디안이라 하고,
이걸 단위로 하는 각 측정법을 호도법이라
고 해. 이때 반원, 즉 180도는 반지름의 π배
이므로 π라디안이 되고, 360도는 2π라디안
이 되지."

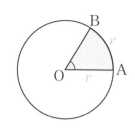

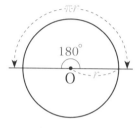

"GRAD는요?"

"그건 19세기 유럽에서 사용하던 각도인데, 90도를 100gon으로 표시
하는 방법이야. 60진법이 아닌 10진법을 사용하는 보다 현실적인 방
법이지만 표준화되지 않은 각도지. 계산기에만 그대로 남아 있어."

"그럼 360도는 400gon이겠네요?"

"그렇지. 마찬가지로 직각은 100gon, 평각은 200gon이 되니까 90도,
180도보다 계산하기 편하겠지?"

"그럼 각도는 DEG, RAD, GRAD 이렇게 세 가지뿐이에요?"

"당연히 더 많지. 군부대에서 대포나 미사일을 쏘는 포병은 가장 정밀
하게 측정을 해야 하는데, 이때 쓰는 단위 중에 밀(mil)이 있어. 1밀은

360도의 $\frac{1}{6400}$ 이거든. 대포를 사격할 때 1밀리의 오차가 생긴다면 포탄이 떨어져야 할 지점에서 1 킬로 이상 벗어날 수 있을 거야. 오른쪽 나침반을 보면, 180도 자 리에 32라고 쓰여 있는데, 이게 바로 180도가 3,200밀, 그러니 까 360도가 6,400밀이라고 표시 된 나침반이야."

🙎 "박사님, 원주율 π에 대한 설명을 듣다 보니 전부터 궁금했던 게 생 각났어요. 각도와 상관은 없는데… 왜 모든 원의 원주율은 항상 π 예요?"

🧑 "다빈이가 3.14나 π를 몰라서 물어본 건 아닐 테고, 원의 크기가 달 라지면 원주율도 달라질 거라고 생각한 것 같아. 항상 성립하는 것, 어떤 경우라도 일관성을 가지는 것을 중요하게 여기고 연구하는 것이 수학이라는 학문이니까. 자, 원의 크기가 달라지면 뭐가 달라 질까?"

🧒 "원의 넓이, 그리고 둘레의 길이도 달라지겠죠?"

🙎 "지름과 반지름의 길이도요."

🧑 "무엇을 원주율이라고 했는지 기억해 보자. 레오가 6학년이니까 최근 에 원주율을 배웠겠네. 잘 기억하고 있지?"

🧒 "네, 그럼요. 교과서에서 원주율은 지름에 대한 원주의 비라고 했어요."

"아, 이거 좀 궁금했어요. 원주율을 지름에 대한 원주의 비라고 정의하면서 왜 계산할 때는 (원주)÷(지름)으로 해요? 그러다 보니 원주율의 정의와 계산 방법을 각각 따로 외웠거든요."

원의 크기와 관계없이 지름에 대한 원주의 비는 일정하다.
이 비의 값을 원주율이라고 한다.
　(원주율)=(원주)÷(지름)
원주율을 소수로 나타내면 3.1415926535897932……와 같이 끝없이 써야
한다.

"6학년 교과서를 보니 이 부분이 쉽지 않더라. 같이 좀 더 살펴보자. '무엇무엇에 대한'이라는 말은 비에서 사용했지. 비에 대한 다음 설명을 보고, 지름에 대한 원주의 비를 (무엇) : (무엇)으로 나타내 볼 수 있을까?"

두 수를 나눗셈으로 비교할 때 기호 ː 을 사용한다. 두 수 7과 1을 비교할 때,
7 : 1이라 쓰고 7 대 1이라고 읽는다. 7 : 1은 7이 1을 기준으로 몇 배인지를
나타내는 비다.
7 : 1은 "1에 대한 7의 비", "7의 1에 대한 비", "7과 1의 비"라고도 읽는다.

"(지름) : (원주)? 아니면 (원주) : (지름)? 아, 헷갈려요."
"천천히 비교해 봐. 지름에 대한 원주의 비니까 (원주) : (지름)이 맞을 거야."

👓 "그런데 왜 나눗셈을 해야 돼요?"

👩 "서두르지 말고, 교과서에서 설명을 좀 더 찾아보자."

비 150 : 200에서 기호 : 의 왼쪽에 있는 150은 비교하는 양이고, 오른쪽에 있는 200은 기준량이다. 비교하는 양을 기준량으로 나눈 값을 비의 값 또는 비율이라고 한다.

$$(비율)=(비교하는 양)\div(기준량)=\frac{(비교하는 양)}{(기준량)}$$

비 150 : 200을 비율로 나타내면 $\frac{150}{200}$ 또는 0.75다.

👧 "이제 알겠어요. (원주) : (지름)의 비에서 왼쪽의 원주는 비교하는 양, 오른쪽의 지름은 기준량이고, 비율은 비교하는 양을 기준량으로 나눈 값이니까 $(원주율)=(원주)\div(지름)=\frac{(원주)}{(지름)}$로 계산하는 거 맞죠?"

👓 "아직은 약간 헷갈리지만 뭔가 뻥 뚫리는 기분이에요. 원주율 계산에 이렇게 여러 가지 개념과 원리가 섞여 있는 줄 몰랐어요. 교과서에는 이 세 가지 개념이 이어져 나오는데 저는 이게 잘 연결되지 않아요. 왜 그럴까요?"

👩 "저도 이해가 안 돼서 그냥 외우고 넘어갔는데, 이렇게 논리적으로 연결되는 걸 보니… 수학 공부의 기쁨? 그런 게 느껴져요."

👩 "개념의 연결, 논리적 설명을 생각하면서 수학 공부를 하면 그게 결코 괴롭고 싫지만은 않을 거야. 하지만 아직 해결하지 못한 게 있지. 왜 모든 원의 원주율을 π로 정한 걸까?"

"원주율은 $\dfrac{(원주)}{(지름)}$ 인데 원이 커지면 원주나 지름이 동시에 커지기 때문에 일정한 것 아닐까요?"

"직관적으로 생각하면 동시에 커진다고 볼 수 있지만, 그렇다고 비율도 일정하다고 말할 수 있는 건 아니지."

"박사님, 이거 정비례와 연결되나요? 정비례 관계식은 $\dfrac{y}{x}=k$ 인데, $\dfrac{(원주)}{(지름)}=\pi$ 와 비슷해요. 지름과 똑같은 비율로 원주가 커진다는 것이 증명되어야 정비례라고 할 수 있으니까 원주와 지름이 정확하게 정비례한다는 조건만 찾으면 되겠네요."

"모든 원은 닮았잖아요. 지름의 길이만큼 원주도 늘어나니까 $\dfrac{(원주)}{(지름)}$ 값이 일정하다고 말할 수 있겠죠? 그래서 6학년 교과서에 '원의 크기와 관계없이 지름에 대한 원주의 비는 일정하다'고 나와 있는 건가 봐요. 박사님께서 왜 그렇게 개념 연결을 강조하시는지 이제 조금 알 것 같아요. 계속 이렇게 고민하면서 개념을 연결하면 수학 공부를 즐겁게 할 수 있겠죠? 실력이 부쩍 늘 것만 같아요. 이러다 보면 제가 수학 선생님이 될 수도 있겠죠?"

"수학 선생님은 기본적으로 수학 개념의 연결성을 갖고 계시니 다빈이가 이런 식으로 수학 실력을 쌓아 간다면 당연히 좋은 수학 선생님이 될 수 있겠지?"

천상열차분야지도에는 옛날 사람들이 하늘을 바라보면서 상상한 이야기들이 담겨 있어요. 물론 정확한 천문 지식도 들어 있지요. 조상들은 겨울밤이 가장 긴 날에 팥죽을 끓여 먹었어요. 요즘도 12월에 동지팥죽을 먹지요? 1년 중 밤이 가장 긴 날이 동지, 낮이 가장 긴 날이 하지예요. 달력을 보면 동지는 12월 22일, 하지는 6월 22일에 해당하지요. 봄과 가을에는 밤과 낮의 길이가 같은 춘분과 추분이 있어요. 천문학에서는 이 네 개의 절기에 해가 지나는 위치를 각각 동지점, 하지점, 춘분점, 추분점이라고 해요. 동지의 낮의 길이는 몇 시간일까요? 반대로 하지의 낮의 길이는 몇 시간일까요? 동지와 하지의 낮의 길이를 비율로 나타낼 수 있을까요?

"하지와 동지의 낮의 길이 차는 5시간 정도야. 밤낮의 길이가 12시간으로 똑같은 춘분과 추분을 기준으로 생각해 보면 하지와 동지의 낮의 길이는 각각 몇 시간일까?"

"5시간 차이가 난다고 하셨죠? 그럼 하지는 12시간에 5시간을 더한 17시간, 동지는 12시간에서 5시간을 뺀 7시간인가요?"

"그렇게 계산하면 하지와 동지의 낮의 길이의 차가 5시간이 아니라 10시간이잖아."

"앗, 그렇다면 12에서 ±2.5를 해야겠다. 그럼 하지는 14시간 30분이고, 동지는 9시간 30분으로 5시간 차이가 나게 되네. 맞지?"

"낮의 길이를 계산한 다음 그냥 넘어가지 않고 시간 차이 계산까지 시도하다니, 벌써 달라진 모습을 보여 줄 만큼 내가 너희를 그렇게나 잘 가르친 거야? 아주 잘했어. 수학 문제를 해결하는 건 단순히 정답을 찾는 것 이상이야. 어림짐작하지 않고 내가 찾은 답이 문제 뜻에 맞는지 판단하고 반성하는 과정이 정답을 맞히는 것보다 중요해. 자, 우리가 계산하던 문제로 돌아가자. 하지의 밤의 길이는 9시간 25분이고, 동지의 밤의 길이는 14시간 26분이야. 이 수치를 토대로 춘분과 하지, 추분과 동지의 밤낮 비율그래프를 그려 보는 거야. 두 사람 모두 그릴 수 있겠지?"

"6학년 때 그려 보고 몇 년 지나서 그런가 생각 안 나요. 다시 설명해 주세요."

"비율그래프를 그리는 방법은 아주 다양한데, 띠그래프와 원그래프를 가장 많이 사용해. 자, 주어진 자료는, 춘분과 추분의 밤낮의 길이는 같다는 것과 하지 밤의 길이는 9시간 25분, 동지 밤의 길이는 14시간 26분이라는 거야."

"동지와 하지의 낮의 길이도 알려 주셔야죠."

"그건 동지와 하지의 밤의 길이를 알면 알 수 있는 거잖아."

"웅? 그럼 하루 24시간이니까 여기서 밤의 길이를 빼면 되는 건가? 하지는 24시간에서 9시간 25분을 빼면 14시간 35분이고…."

"그래, 그렇게 계산해 보면 알 수 있잖아. 그럼 동짓날 낮 길이는 24시간에서 14시간 26분을 뺀 9시간 34분이야. 이제 비율그래프를 그려

보자. 띠그래프, 원그래프 중 너는 어떤 거 그릴래?"

"원그래프가 띠그래프보다 그리기 어려웠던 것 같아. 비율 계산만으로 끝나지 않고 그걸 각도로 다시 바꿔야 하잖아. 원 한 바퀴가 360도라서 계산이 힘들었던 기억이 나는데."

"맞아. 나도 좀 어려웠어. 아까 박사님이 말씀하신 것처럼 360도는 고대 바빌로니아 사람들이 사용하던 60진법이라서 10진법으로 계산하기가 더 힘들었나 봐. 그럼 네가 띠그래프를 그려. 내가 원그래프 그리기에 도전해 보지. 그리고 원그래프 그릴 때 각도를 나누지 않아도 돼. 원의 눈금에 비율을 그려 넣으면 띠그래프와 마찬가지거든."

"춘분과 추분은 밤낮의 길이가 같으니 각각 50퍼센트고, 하지와 동지를 계산해 봐야겠네. 하지의 밤 시간인 9시간 25분을 비율로 바꾸려면 우선 25분을 시간 단위로 고쳐야겠지? 25를 60으로 나누면 약 0.417이니까 $\frac{9.417}{24} \times 100 ≒ 39.2$. 그럼 낮 시간의 비율은 100퍼센트에서 39.2퍼센트를 빼면 되니까 60.8퍼센트가 나와. 이 방식으로 계

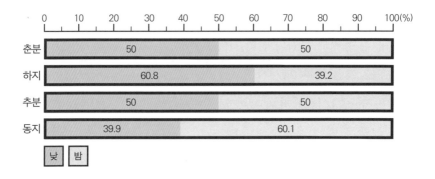

산하면 동지의 낮 시간은 39.9퍼센트, 밤 시간은 60.1퍼센트야. 이걸 띠그래프로 그리면…"

"나는 네가 계산한 걸 이용해야겠다. 춘분과 추분의 밤낮 비율이 각각 50퍼센트, 하지의 낮 시간 비율이 60.8퍼센트, 밤 시간의 비율은 39.2 퍼센트, 동지는 반대로 하면 되니까…"

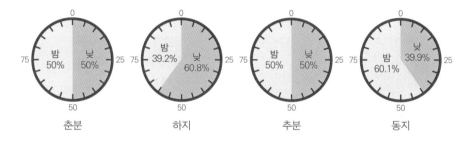

| 춘분 | 하지 | 추분 | 동지 |

"그래프를 그리면서 띠그래프와 원그래프의 차이점을 혹시 발견했을까? 이렇게 밤낮의 길이를 비교하는 경우에는 어떤 그래프가 더 효율적일까?"

"여러 개를 동시에 나타낼 때는 띠그래프가 더 효율적일 것 같아요. 띠그래프에서는 계절의 흐름과 변화를 한 눈에 볼 수 있잖아요."

"저도 같은 생각이에요. 교과서에서도 띠그래프의 장점은 연도별 특정 대상의 변화를 쉽게 볼 수 있는 것이라고 했어요."

"정리하자면, 원그래프와 띠그래프 등은 전체에 대한 각 부분의 비율을 나타낸 비율그래프고, 이를 이용하면 부분과 부분을 한눈에 비교할 수 있다 이렇게 말할 수 있겠네."

밝기에 따라 달라지는 크기

　천상열차분야지도에서 별을 나타내는 점을 살펴볼까요? 노인이라는 별이 가장 크죠? 그다음 천시일, 양성일 등의 별이 큰 점으로 그려져 있어요. 다른 천문도와 달리 천상열차분야지도에서 별의 크기는 별의 밝기를 나타내요. 다른 천문도에는 별의 밝기가 표시되어 있지 않아요.

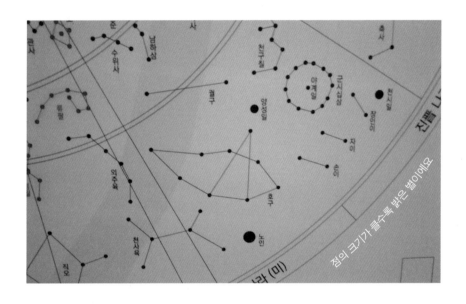

　😎 "박사님, 과학 시간에 별의 밝기와 등급에 대해서 배우기는 했는데, 잘 모르겠어요."

　🙂 "저도요. 밝기에 따라 1등성, 2등성, 3등성 등으로 나누잖아요. 1등성이 가장 밝은 별인 건 알겠는데 밝기 차이가 어느 정도인지 모르겠어요."

"각 등급의 밝기 차이는 약 2.5배야. 고대 그리스의 천문학자 히파르코스가 맨눈으로 별을 보고 밝기에 따라 등급을 매겼지. 1등성은 6등성보다 몇 배나 더 밝을까?"

"2.5×6＝15니까 열다섯 배요."

"아니야. 1등성과 6등성은 5등급 차이가 나니까 2.5에 5를 곱해야지. 12.5배야."

"1등성은 2등성보다 2.5배 밝고, 2등성은 3등성보다 2.5배 밝아. 그럼 1등성은 3등성보다 다섯 배 밝은 건가?"

"앗, 곱해야 하는데 더하기를 했네요. 2.5×2.5… 1등성은 3등성보다 6.25배 밝아요."

"그러게요. 곱셈 대신 덧셈을 했네. 다시 계산해 볼게요. 소수점이 있으니 계산기를 사용할게요. 2.5를 다섯 번 곱하면 되죠? 97.65625니까, 약 아흔여덟 배인 거죠? 아흔여덟 배나 되는데 겨우 12.5배라고 계산한 거네요."

"결국 1등성과 6등성의 밝기 차이는 100배인 거야. 2.5배라고 하는 것은 근삿값이니까. 소수점 아래 둘째 자리에서 반올림한 것이고, 실제로는 2.5보다 큰 2.51과 2.52 사이의 값이야. 그 값을 다섯 번 곱하면 100이 나오는 수."

"다섯 번 곱해서 100이 되는 수를 어떻게 구해요? 지금은 2.5라는 값을 박사님께서 알려 주셨지만… 우리가 스스로 구할 수 있는 방법도 있겠죠?"

"계산기를 사용하면 가능하지. 간단한 사칙연산 계산기 말고 스마트폰의 계산기 앱이나 공학용 계산기를 사용하면 알 수 있어. 구하는 수를 □라고 하면 $□^5=100$이 되는 수를 구하는 건데, 고등학교에 가서 지수(指數)라는 걸 배우면 $□^5=100$을 만족하는 □의 값인 $\sqrt[5]{100}$을 구할 수 있고, $\sqrt[5]{100}$의 값은 공학용 계산기의 키 중 $\sqrt[n]{x}$를 사용하면 구할 수 있어. 실제 구해 보면, 2.512 정도가 나와."

"저 같은 초딩에게 고등학교 수학에 나오는 내용을 알려 주시는 거예요? 아유, 너무 어려워요. 제가 할 수 있는 방법은 없을까요?"

"생소한 수학 기호를 보면 모르는 언어를 배우는 것 같아. 레오야, 근삿값 추적하는 방법을 사용해 보자."

"근삿값? 내가 할 수 있는 방법인 거야? 박사님이 알려 주신 방법 말고?"

"응. 지난 방학 때 중3 교과서를 미리 읽어 보다가 나도 알게 된 내용인데, 제곱근 구하는 방법을 사용해서 추론하면 구할 수 있을 것 같아."

"그래? 일단 누나 설명을 좀 들어 보고."

"우선 자연수 중 다섯 번 곱해서 100 근방이 되는 두 개의 수를 찾는 거야. 2를 다섯 번 곱하면 32, 3을 다섯 번 곱하면 243이니까, 구하는 수는 2와 3 사이의 수가 되겠지?"

"아하! 시간은 좀 걸리겠지만 할 수 있을 것 같아. 2와 3 사이니까, 2.1부터 다섯 번씩 곱해 봐야지. 2.1을 다섯 번 곱하면 40.84, 2.2를 다섯 번 곱하면 51.53… 아직 멀었네. 2.3을 다섯 번 곱하면 64.36, 2.4를 다섯 번 곱하면 79.62, 2.5를 다섯 번 곱하면 97.65, 2.6을 다섯 번 곱하면 118.81. 아, 드디어 나왔다. 구하는 수는 2.5와 2.6 사이에 있어. 이렇게 좁혀 가면 나오는구나. 박사님, 전 이 방법을 택할래요."

"내가 너무 어려운 방법을 알려 줬구나. 이른 예습을 했다고 생각하자."

천상열차분야지도의 각도 개념에는 360도가 아니라 1년 365일이 포함돼 있었어요. 우리 조상의 지혜가 놀랍습니다. 이어 '박물관 가는 길'에서 비율에 관한 일상 경험을 접해 봄으로써 비율 개념을 강화시킬 수 있을 거예요.

천문도에서 별의 밝기 표현

천상열차분야지도에서 별의 밝기는 도판을 보면 알 수 있어요. 28개 별자리의 별은 붉은색으로 표현되었는데, 세 가지 정도의 크기로 별의 밝기가 표현되었고, 나머지 별들은 검은 색으로 표현되었는데 네 가지 정도의 크기로 표현되어 있어요.

점의 크기가 클수록 밝은 별이에요!

28개 별자리의 별 크기를 알 수 있는 부분

나머지 별의 크기를 알 수 있는 부분

천상열차분야지도와 달리 다른 천문도에서는 별의 밝기를 따로 나타내지 않고 모든 별을 같은 크기로 표시했어요. 다음 순우천문도는 1247년에 완성된 것으로, 세계에서 가장 오래된 석각 천문도로 알려져 있어요. 하늘의 별을 북극 근처 세 영역과 바깥쪽 28개 별자리 영역인 28수로 나눈 것은 천상열차분야지도와 같지만, 모든 별이 같은 크기로 새겨져 있다는 것은 천상열차분야지도와의 차이점으로 꼽히지요.

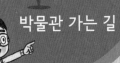

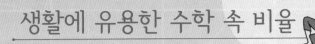
생활에 유용한 수학 속 비율

"아까 비율을 얘기할 때, 엊그제 식당에서 할인 때문에 겪은 일이 생각났어요. 할인률도 비율인 거죠, 박사님?"

"그렇지. 무슨 일인데?"

"아 글쎄, 박사님. 이 쿠폰 좀 보세요. 4인 세트가 50퍼센트 할인되고 여기에 통신사 멤버십이면 중복 할인이 가능하다고 되어 있잖아요. 멤버십으로는 30퍼센트를 할인받을 수 있거든요. 그럼 총 80퍼센트가 할인되는 거고, 그렇게 계산했더니 10만 원짜리 4인 세트가 2만 원인 거예요. 그래서 네 명이 5,000원씩을 걷었는데, 계산을 하려니까 2만 원이 아니라 3만 5,000원을 내라는 거예요."

특별 이벤트 쿠폰

4인 세트 50% 할인 혜택!
통신사 멤버십 포인트 중복 할인 가능

🧑 "아니, 사기네 사기. 거기 다시는 가지 마. 그래서 돈을 더 냈다는 거야? 항의를 했어야지."

🧑 "어디 보자… 10만 원이 처음 할인 조건 50퍼센트로 5만 원이 된 건 맞고."

👧 "네. 거기까지는 이해가 돼요. 그런데 그다음 30퍼센트가 남은 5만 원에 대해서만 적용된다는 거예요."

🧑 "5만 원에서 만 5,000원을 할인받아 3만 5,000원을 냈으니, 그럼 통신사 할인율은 15퍼센트인 거잖아. 왜 30퍼센트라고 속인 거지?"

👩 "완전히 속인 건 아니고, 남은 가격의 30퍼센트를 할인한다는 내용을 정확히 알리지 않은 거지. 당연히 처음 가격인 10만 원에서 30퍼센트를 할인해 주는 것으로 생각한 게 화근이었어."

🧑 "다음부터는 이중 할인이 확실한지, 그 문구를 정확히 찾든가 아니면 미리 물어서 대비를 해야겠네."

🧑 "이런 경우도 한 번 생각해 보자. 똑같은 물건을 똑같은 가격에 파는 A, B 두 가게가 있는데, A 가게에서는 10퍼센트 할인한 물건 값에 부가가치세를 10퍼센트 붙여 판매하고, B 가게에서는 부가가치세 10퍼센트를 붙인 가격에서 10퍼센트를 할인해서 판매해. 그럼 어느 가게에서 사는 게 더 쌀까? 그리고 처음 가격과 비교하면 어떤 차이가 있을까?"

🧑 "A 가게가 더 싸요. 최종 가격도 처음보다 쌀 것 같아요. B 가게의 최종 가격은 처음 가격보다 비싸고요."

"저는 두 가게의 최종 가격이 같을 거라고 추측해요. 최종 가격은 처음 가격과 같고요."

"거참, 재밌게 됐네. 두 사람 생각이 다르니 각자 자기 주장이 사실임을 설명해 보자. 다른 사람 주장에서 무엇이 모순되는지도 밝혀 보고. 그 전에, 생각을 바꿀 기회를 줄게."

"저는 바꿀 이유가 없어요. 제 생각이 맞거든요. 누나가 제 쪽으로 바꾼다면 받아 줄 용의는 있습니다."

"그럼 레오부터 자기 주장의 타당성을 설명해 볼까?"

"A 가게에서는 먼저 할인을 하고 가격이 떨어진 상태에서 부가가치세를 붙이니까 세금이 조금밖에 안 붙어요. 그러니 최종 가격이 처음 가격보다 쌀 거예요. 반면 B 가게에서는 부가가치세를 먼저 붙이고 가격이 높아진 상태에서 할인이 이루어지잖아요. 가격이 조금밖에 안 떨어지니까 최종 가격이 처음보다 비싸겠죠."

"끝났어? 설명하지 않은 게 있는데… 둘 중 A 가게에서 더 싸게 살 수 있다고 했는데, 거기에 대해서는 설명 안 했어."

"아, 그러네. 미안. 그런데 내 설명을 추론하면 그렇게 결론 낼 수 있지 않아?"

"다빈이가 누나라서가 아니라, 다른 사람의 설명을 주의 깊게 듣고 그 타당성을 따지는 건 수학 학습에서 아주 중요한 태도야. 레오도 이 점은 본받으면 좋겠어. 그럼, 이번에는 다빈이가 설명할 차례야."

"저는 두 가게의 가격이 결국 같아질 거라고 했어요. 똑같이 10퍼센트 할인하고, 10퍼센트 세금을 붙이니까요. 레오가 B 가게의 경우 부가가치세를 먼저 붙이면 가격이 높아져서 할인을 하더라도 가격이 조금밖에 떨어지지 않는다고 했는데, 제 생각에는 가격이 높아졌으니 할인을 하면 가격이 더 많이 떨어질 것 같아요. 그러므로 B 가게 가격이 더 비싸다는 주장은 잘못된 추측이라고 생각합니다. 아, 그런데 잠깐… 얘기하다 보니, B 가게에서 부가가치세를 먼저 붙이고 높아진 가격에서 할인을 하는 거니까 할인 가격이 더 커져서 처음 가격보다 싸지는 게 맞네요. 처음 가격과 같다고 주장했는데, 정정할게요. 마찬가지로 A 가게에서 할인된 가격에 부가가치세를 붙이면 결국 처음 가격에 미치지 못해요. 제 결론은 두 가게의 최종 가격은 처음 가격보다 싸다는 것으로 바꾸겠습니다."

"누나 설명에도 빠진 게 있는데. 두 가게의 가격을 비교하는 설명은 하지 않았어."

"레오가 복수한 셈이네. 비판적으로 남의 주장을 분석하는 능력은 경청과 집중의 결과라고 볼 수 있으니, 잘했다."

"저는 두 가게의 가격은 비교할 수 없을 것 같아요. 일단은 포기할래요."

"쉽지 않은 문제였나 보네. 그러면 처음 가격을 100원이라 생각하고 직접 가격을 구해 보면 어떨까? 100원이라고 정한 것은 10퍼센트를 쉽게 계산하기 위한 거야. 자, 각자 계산해 보자."

(계산 후) "박사님, 놀라운 결과가 나왔습니다. 누나의 추측이 맞았어

요. 둘 다 처음보다 낮아져요. 99원으로요."

"정말 그래요. A는 90원으로 할인됐다가 9원의 부가가치세가 붙어서 99원, B는 세금이 붙어 110원이 되지만 여기서 10퍼센트인 11원을 할인하면 99원이에요."

"박사님, 그런데 100원이라고 하지 않았는데 우리 맘대로 100원으로 두고 풀어도 되는 거예요?"

"학교 시험에서 이렇게 쓰면 답이 맞았어도 감점을 당했던 것 같아요. 어떻게 써야 충분히 답이 돼요?"

"푸는 사람이 자기 편리대로 100원으로 정해 계산해 본 건 좋은 방법이야. 그러나 답은 문제에 주어진 조건에 맞게 써야지. 특수한 값으로 계산해서 어느 정도 숨통이 트였으면 이걸 주어진 조건에 맞게 추론하려고 시도해야 할 거야. 이 경우는 처음 물건 가격을 뭐라고 표시할 수 있을까?"

"□로 두면 되지 않아요?"

"네가 중학생이면 문자를 사용하여 x라 하면 되는데, 아직 초등학교에서는 문자를 미지수로 사용하지 않으니 그렇게 하면 너도 이해할 수 있을 거야."

"그럼 A 가게부터 생각해 보면, 10퍼센트 할인하면 90퍼센트가 남는 거니까 가격은 □×0.9겠네. 여기에 부가가치세 10퍼센트를 붙이면 최종 가격은 □×0.9×1.1이 돼."

"그럼 B 가게는 부가가치세를 10퍼센트 붙이면 110퍼센트가 되는 것이니 가격은 □×1.1이 되고, 여기서 10퍼센트를 할인해 준 가격은 □×1.1×0.9인 거지."

"다르잖아! A 가게는 □×0.9×1.1이고, B 가게는 □×1.1×0.9니까."

"곱셈에서는 곱하는 순서를 바꿔도 결과가 같잖아. 중학교에서는 이걸 곱셈에 대한 교환법칙이라고 하는데… 그래서 두 가게의 가격은 같다고 말할 수 있지."

"교환법칙? 뭐 그런 것에까지 법칙이라는 이름을 붙였지? 초등학교에서 그런 말을 사용하지는 않지만 곱셈에서 곱하는 두 수를 서로 바꾸어 계산한 결과가 같다는 사실은 여러 가지 예를 통해서 배웠어. 어쨌거나 두 가게의 가격은 같은 거네."

"아직 계산해 봐야 할 게 남았어. □×0.9×1.1＝□×1.1×0.9라는 것과 더불어 처음 가격과도 비교해야지. 두 결과는 모두 □×0.99니까 처음 가격 □에 비해 떨어지는 가격이야. 와, 이렇게 식을 세우니 정확한 결과를 얻어낼 수 있구나."

다빈이의 일기

201X년 6월 11일 일요일

제목 : 비율과 축척

  천상열차분야지도는 정말 복잡했다. 우리 선조가 그 옛날, 이렇게나 복잡한 지도를 만들었다고 생각하니 정말 자랑스럽다. 날마다 변하는 하늘의 별 지도를, 비행기도 없던 시절에 어쩜 그렇게 정확히도 그렸을까?

  지도의 축척이 비율임을 알았을 때, 일차함수의 기울기가 떠올랐다. 지도의 축척과 직선의 기울기가 겉모습은 서로 달라도 내면적으로 그 개념이 비율로 연결되고, 결국 똑같다는 사실에 놀랐다. 거기다가 멤버십 카드의 중복 할인도 결국 비율의 문제라니, 도대체 비율이 아닌 게 어디 있기나 한지 모르겠다.

  학교에서 비율을 배울 때 중학교 선행학습을 한다며 수업 시간에도 학원 숙제를 하는 아이들이 있었다. 그 아이들은 비율을 제대로 이해했을까? 아마 직선의 기울기를 배우면서 그게 비율임을 알아채지 못했을 텐데, 그걸 생각하니 아, 답답하다. 그게 같은 것임을 모르고 따로따로 생각하면 머리가 복잡해서 어지러울 것이고, 비율 개념을 필요로 하는 사고력 문제에는 손도 대지 못할 테니 말이다.

  오후에는 엄마와 마트에 간 김에 거기서 수학을 찾아보았다. 하나씩 낱개로 파는 물건은 거의 없었다. 먹고 싶은 과자 묶음이 두 종류 있었는데, 하나는 다섯 봉지에 3,500원, 다른 건 일곱 봉지에 5,000원이었다. 예전에는 많이 묶여 있으면 그게 싼 거라고 막연히 생각했는데, 민감하게 생각해 보니 어떤 걸 사야 이득인지가 궁금했다.

다섯 봉지에 3,500원이면 한 봉지 700원이었다. 그런데 일곱 봉지에 5,000원이면 나누어떨어지지가 않으니 짜증이 났다. 그래서 거꾸로 곱해 봤다. 700원씩이라면 일곱 봉지에 4,900원이다. 저런, 일곱 봉지 묶음이 더 비싸다니! 이렇게 계산해 보면 알 수 있는데, 전에는 무조건 큰 묶음이 싸다고 생각했다니!

다른 과자 묶음도 계산해 봤다. 세 봉지에 1,800원 하는 세트와 열 봉지에 5,500원 하는 세트가 있었다. 그럼 그렇지, 이번에는 큰 묶음이 싸다는 결론에 안도하는 순간, 눈에 들어오는 수치가 있었다. 세 봉지 세트는 한 봉지 무게가 200그램, 열 봉지 세트는 한 봉지가 180그램이었다. 다시 계산해야 했다. 아아, 수학적 민감성은 자랐을지 몰라도 과자 한 봉지 사는 건 전보다 어려워졌다.

같이 생각해 봐요

초등 비율이 쓰이는
중·고등학교 수학을
정리하고 싶다.

03

15세기 프랑스의 베리 공작이 주문했다는 달력. 별자리가 그려져 있고,
사계절의 변화와 생활상을 사실적으로 담은 삽화도 실렸다.

교과 내비게이션

초4-2
**분수와 소수의
덧셈과 뺄셈** →
초5-1
약수와 배수 →
초5-1
**최대공약수와
최소공배수** →
초5-2
**여러 가지
단위** →
중2
경우의 수

이번에는 박물관에 가서 달력을 살펴볼 거야.

달력이요?

달력은 제 책상 위에도 있는데요.

저는 작년에 축구공 비슷하게 생긴 달력을 만든 적이 있어요.

넌 머릿속에 온통 축구 생각뿐이구나

정오각형 열두 개로 만들어진 정십이면체 달력이었어.

오호!

왈! 왈!

1년에 열두 개의 달이 있으니 정십이면체와 딱 맞네.

팟!

정오각형 열두 개와 1년 열두 달이 딱 맞아떨어지다니, 이 안에도 수학이 있는 거예요?

콩!

12

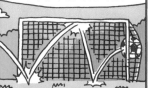

그럼. 수학은 우리 주변 어디에나 들어 있거든.

함께 찾아보자고!!

천상열차분야지도 아래 왼쪽 끝에는 洪武 二十八年 十二月 日(홍무 28년 12월 일)이라고 쓰여 있어요. '홍무'라는 단어가 낯설지요? 홍무는 명나라 태조 때의 연호예요. 한자를 사용하는 나라에서는 해의 차례를 나타내기 위해 '연호'를 사용했어요.

연호는 황제가 즉위하는 해에 붙이는 특별한 이름이기도 했어요. 역사적으로 보면 중국의 한나라 무제 때 처음 사용했답니다. 한 명의 황제가 연호를 여러 차례 바꾸어 쓰기도 했지만 명나라 때부터는 한 명의 군주가 한 개의 연호를 사용했어요. 연호에는 황제로 즉위한 해와 사망한 해가 들어있어서 연호를 보면 어느 시대인지, 몇 년도인지 알 수 있답니다. 60년 주

기로 반복되는 동양의 전통적인 연도 표기법과 달리 해를 정확하게 알 수 있다는 것이 연호의 장점이죠.

"유관순 열사가 대한독립만세를 외친 해가 언제인지 혹시 아니?"

"기미년이요."

"어떻게 알아?"

"3·1절 노래가 '기미년 3월 1일 정오' 이렇게 시작하잖아요. 그런데 기미년이 정확히 언제예요?"

"1919년. 그런데 왜 1919년이 기미년이에요?"

"힌트를 주자면 기미년은, 서기(西紀) 몇 년 이렇게 숫자를 연속해서 쓰는 방법으로 연도를 표시한 게 아니라 10간 12지를 이용해서 60년을 주기로 연도를 표시한 데서 나온 이름이야."

"10간은 열 개의 간지, 12지는 열두 개의 지지⋯ 이게 배합하여 도는 게 60갑자 맞죠? 10과 12의 최소공배수가 60이니까 10간 12지를 조합하면 60갑자가 되는 거고요. 생각해 보니 그럼 1919년뿐만 아니라 60년 후인 1979년도 기미년이었겠네요. 그리고 다시 60년을 더한 2039년도 기미년이겠죠? 와, 먼 미래의 해도 이렇게 계산할 수 있다니."

👧 "주기적인 현상은 주기라는 규칙을 파악하면 예측이 가능해지지."

👧 "아, 저는 헷갈리기만 하는데요. 기미독립운동도 그렇고 임진왜란, 병자호란 같은 큰 사건에는 60갑자를 쓰던데 왜 그런 거예요? 누나, 누나는 왜 최소공배수 계산을 했어?"

👧 "그러게. 10, 12 그리고 60이라는 숫자가 나오니까 나도 모르게 최소공배수 계산을 해버렸어."

👧 "경우의 수 문제네. 경우의 수의 출발점은 나열이야. 『수학이 살아 있다』 1권에서도 강조한 내용이지. 레오야, 10간과 12지를 짝 지어서 나열해 봐."

10간	갑(甲), 을(乙), 병(丙), 정(丁), 무(戊), 기(己), 경(庚), 신(辛), 임(壬), 계(癸)
12지	자(子), 축(丑), 인(寅), 묘(卯), 진(辰), 사(巳), 오(午), 미(未), 신(申), 유(酉), 술(戌), 해(亥)

👧 "네. 하나씩 짝 지으면 되죠? 갑자, 을축, 병인, 정묘 그리고 계유까지 짝 지으면 열 개. 다시 갑술, 을해, 병자, 정축에서 계미까지가 열 개. 계속 계산하다 보면 10×12, 120가지가 나올 것 같은데요."

🧑 "나열하는 방법 중 하나인 수형도를 그려 보니까 120가지가 나와요."

🤓 "잠깐만. 수형도를 연결해 보니까 갑자에서 계유까지 열 개고, 그다음 갑술로 넘어가서 계미까지 열 개, 그리고 갑신으로 넘어가는데, 하나씩 연결되는 게 아니야. 이러면 10간의 첫 번째인 갑은 12지 중 홀수 자리와 만나게 되니까 120가지가 모두 나오는 게 아니라 절반만 나오는 거 아냐?"

👧 "절반이라고 확신하니?"

👩 "네, 이건 주기적인 현상으로 보면 될 것 같아요. 예를 들어 톱니가 각각 열 개, 열두 개인 두 톱니바퀴가 맞물려 60번을 돌면, 한쪽은 여섯 바퀴, 다른 한쪽은 다섯 바퀴 돈 상태에서 다시 처음 상태로 맞물리는 거잖아요. 반복되는 주기가 60인 거죠."

🤓 "와, 톱니바퀴라고 생각하니까 이해하기 쉽다. 결국 10과 12의 최소공배수인 60을 주기로 반복되는 게 맞네. 그래서 60갑자인 거고."

👩 "이렇게 생각할 수도 있을 것 같아. 10과 12의 최대공약수가 2잖아. 그러니까 두 번에 한 번을 만나는 거야. 즉, 120÷2로 계산해서 60개만 생긴다고 볼 수 있어."

🤓 "어쨌든 갑축년이나 을자년, 이런 건 없는 거네."

👩 "덧붙이자면 자연수로도 확인할 수 있는 방법이 있어. 두 자연수와 최

대공약수, 최소공배수 사이에 성립하는 어떤 중요한 관계가 있거든. 그게 무엇일지 각자 한 번 추측해 보자."

"10과 12, 최대공약수 2와 최소공배수 60이라… 두 수 10과 12를 곱하면 120이고, 최대공약수와 최소공배수를 곱해도 120이 되는데…."

"음, 다른 수로도 확인해 보자. 3과 4의 최대공약수는 1, 최소공배수는 12. $3 \times 4 = 1 \times 12$. 6과 9로 해볼까? 최대공약수는 3, 최소공배수는 18이니까 $6 \times 9 = 3 \times 18$. 이것도 맞네. 항상 맞는 건가?"

"잘 찾았어. 두 자연수의 최대공약수와 최소공배수의 곱은 두 자연수의 곱과 항상 같아. 고등학생이 되면 다항식을 이용하는 방법으로 이 내용을 좀 더 자세히 배우게 될 텐데, 지금은 그 사실을 아는 것으로 충분해. 이제 60갑자에 대해 좀 더 얘기해 보자. 60갑자의 불편한 점은 뭘까?"

"60년을 주기로 다시 나타나니까 같은 갑자년이라도 몇 년도인지 정확히 알기가 어려워요. 아, 그래서 연호를 쓰나 봐요. 정확하게 알 수 있잖아요."

"그렇지. 2017년은 정유년이야. 너희가 태어난 해의 60갑자를 알아볼까?"

"저는 2003년에 태어났으니까 14년 전으로 돌아가야 해요. 천간은 주기가 10이니까 정보다 네 번째 앞인 '계'가 되고 지지는 주기가 12니까 유보다 두 번째 앞인 '미'예요. 그래서 2002년은 계미년이었네요. 저는 양띠고요."

12지	자	축	인	묘	진	사	오	미	신	유	술	해
동물	쥐	소	호랑이	토끼	용	뱀	말	양	원숭이	닭	개	돼지

👧 "저는 2005년에 태어났으니까 12년 전이에요. 천간은 정보다 두 번째 앞인 '을', 지지는 주기가 12니까 똑같이 '유'. 그래서 저는 을유년에 태어났고, 닭띠예요."

👨 "둘 다 규칙을 잘 적용했어. 이제 어떤 해라도 60갑자로 이야기할 수 있겠지?"

👧 "지지는 주기가 12, 천간은 주기가 10이라는 걸 적용하면 못할 게 없을 것 같아요."

👧 "그리고 천간은 주기가 10이니까 연도의 일의 자리가 항상 똑같아요. 갑이 4니까 을, 병, 정은 항상 각각 5, 6, 7로 고정돼요. 규칙적이고 주기적이에요."

👨 "옛날 동학군이 불렀다는 노래 가사 중에 이런 게 있어. 갑오세 가보세 을미적 을미적 병신 되면 못 가리 병신 되면 못 가리."

👧 "갑오, 을미, 병신은 연도를 뜻하는 것 같아요. 연이어 나오는 연도잖아요. 동학농민운동이 조선 후기에 일어난 일이고, 그 시기의 갑오년을 찾아보면 정확한 시기를 알 수 있겠죠?"

👧 "사회 시간에 갑오개혁을 배운 기억이 나는데, 1894년이었어요. 그럼 을미년은 1895년, 병신년은 1896년이겠죠?"

👧 "2017년이 정유년이니까 2016년은 병신년, 그럼 1896년도 병신년이에요. 제가 계산해 봤더니, 2016－1896＝120, 60의 배수로 딱 떨어

저요."

🤓 "그러니까 1896년이 병신년이고 60갑자는 60년마다 반복되니까 1896에 60을 더한 1956년도 병신년이고, 다시 60을 더한 2016년도 병신년이라는 거지? 딱 맞아떨어진다. 기가 막히네."

😊 "수학에서 중요한 사고 중 하나는 패턴을 인식하고, 나아가 패턴을 형성하는 것이야. 그런 사고를 자주 하다 보면 기가 막히고, 멋있고, 아름답다는 말이 절로 나오는 상황을 맞이하게 되지. 지금 너희처럼."

하늘의 움직임을 시간으로 바꾸다

사람들은 해가 뜨고 지는 현상이 반복되는 것을 보고 하루를 정했어요. 달이 차고 기울고, 그보다 긴 시간이 지나 4계절이 반복되는 것을 보며 1년이라는 시간을 정했지요.

옛날에는 농업이 굉장히 중요한 산업이었어요. 왕의 가장 중요한 임무 중 하나가 4계절에 맞춰 농사를 짓는 농민들에게 언제 씨를 뿌리고, 모내기를 하고, 수확을 해야 하는지 그 정확한 시기를 알려 주는 것이었어요. 이에 천문관리들은 하늘을 살핀 끝에 1년이라는 시간의 길이를 정확히 알아내기에 이르렀지요.

1년을 알기 위해서는 시작과 끝의 기준을 정해야 했는데, 시간의 기준과 흐름을 알아내는 과정에서 역법이 발달했어요. 역법을 바꾸는 일은 왕의 특권이었답니다. 하늘의 변화를 살피고 예측하여 사람들의 생활에 적용시켰지요.

태음력

역법은 태음력, 태음태양력, 태양력으로 나뉘어요. 그중 태음력은 달이 커지고 줄어드는 것을 살펴 규칙을 찾는 것에서 시작돼요. 달은 맨눈으로 봐도 크기 변화를 알 수 있죠? 그래서 사람들은 달을 기준으로 한 달과 1년이라는 시간의 길이를 정했어요. 매달 첫째 날은 초하루, 달의 크기가 가장 큰 날은 보름, 음력으로 그달의 마지막 날은 그믐이라고 했지요. 달이 차고 기우는 이 주기를 기준으로 만들어진 것이 태음력이에요. 이 주기를 삭망 주기라고 부르는데, 삭망 주기가 열두 번 반복되면 1년이 된 거예요.

"달을 보고 만든 달력이 태음력이라고 했는데, 태음력에서 한 달은 며칠일까?"

"보름달을 기준으로 달의 모양이 바뀌니까 보름에서 보름까지가 한 달일 것 같아요. 보름달은 30일에 한 번 나오니까, 한 달이 30일 아닐까요?"

"어, 달력에서 음력 날짜가 29일로 끝나는 달을 본 적이 있는데?"

"달의 주기는 보름달이든 초승달이든 똑같이 대략 29.5일이야. 그런데 태음력에서는 한 달의 기준이 보름이 아니라 달이 뜨지 않는 그믐이거든. 그러니까 그믐에서 그믐까지를 한 달로 쳐야 해."

"29.5는 자연수가 아니라 소수인데 이 수로 어떻게 한 달을 정해요?"

"한 달이 29.5일이면 두 달은 59일인데, 59는 자연수잖아. 이걸 자연수 두 개로 나누면 29일과 30일이 되니까 이걸 번갈아 쓰지 않을까? 실제로 음력 날짜를 보면 어떤 달은 30일이고, 어떤 달은 29일이거든."

"맞아. 태음력에는 29일로 끝나는 달과 30일로 끝나는 달이 번갈아 나와. 실제 음력 날짜가 표기돼 있는 달력을 보면 확실히 확인할 수 있어."

"그럼 29일인 달이 여섯 달, 30일인 달이 여섯 달이니까 1년은… 29×6=174, 30×6=180, 더해도 354일밖에 안 돼요. 우리가 알고 있는 1년 365일하고 비교했을 때 11일이나 적은데요."

"1년이 365.25일일 때 4년에 한 번 하루를 끼워 넣어 윤년을 만들었다고 했잖아. 11일이 적으면 다음 해는 11일 빨리 시작되고, 그다음 해는 22일, 또 그다음 해는 33일, 그러니까 한 달이나 빠르게 1년이 시작되니까 이번에는 3년에 한 번 정도 한 달을 끼워 넣으면 되지 않을까? 그러고 보니 엄마가 윤달이라고 말씀하신 걸 들은 기억도 나고."

"윤달, 나도 들어 봤어. 음력으로 같은 달이 두 번 있는 해가 있다고 하셨어."

"그래, 맞아. 윤달은 통상 19년에 일곱 번 들어 있어. 다빈이가 추측한 대로 3년에 한 번이면 18년에 여섯 번이 되는데, 19년에 일곱 번이라고 하면 이걸 어떻게 설명할 수 있을까?"

"3년에 한 번 윤달이 들어도 11일이 차이 나는 거니까 3년이면 33일이에요. 윤달을 넣어도 3일이 남는 꼴이니 18년이면 또 차이가 생긴다는 거죠."

"비율로 따지면 18년에 여섯 번보다 19년에 일곱 번이 많아요. 18년에 여섯 번이면 6 : 18이니까 비율이 $\frac{6}{18}$인데, 19년에 일곱 번이면 7 : 19니까 비율이 $\frac{7}{19}$이죠."

"18년에 윤달이 여섯 번 들어가더라도 일수가 남으니 윤달을 더 많이 넣어야 하고, 그렇게 생각하면 19년에 일곱 번 넣는 게 일단 타당한 비율 같기는 해요."

"추측이라고 하는 것은 물론 정확하면 좋지만, 대략적인 방향이나 수치 감각만 적용하는 것으로 상황 판단이 보다 정확해지기도 해. 19년에 일곱 번 넣은 것이 정확한지는 모르겠지만 틀린 것은 아니라는 판단을 한 것만으로도 대단한 성과를 올린 거야."

태음력을 쓰면 1년에 약 11일 정도가 부족해서 3년 후에는 한 달 가까이 이른 새해가 시작됐어요. 그러다 보니 실제 계절과 맞지 않아 농사에 문제가 생겼지요. 그래서 2년, 3년마다 한 달을 적당한 계절에 집어넣는 방법이 만들어졌어요. 이것이 태음태양력이에요. 추가된 달은 윤달이라고 해요. 그런데 당연히 윤달이 있는 해에는 날수가 많았어요. 그래서 1년의 날수가 가장 적은 해에는 354일, 가장 많은 해에는 385일이나 됐죠. 그 차이가 무려 31일이나 됐어요. 또 태음태양력에서는 한 달이 30일인 큰달과 29일인 작은달의 배치가 매년 서로 달라졌답니다.

"지금 우리는 태양력을 기준으로 삼은 달력을 사용하고 있는데, 달력의 숫자 아래 보면 여전히 조그만 크기로 음력 날짜가 표기되어 있어요. 왜 그런가요?"

"맞아요. 저도 궁금했어요. 음력은 설이나 추석 같은 명절 날짜를 정할 때나 사용하는 거 아니에요? 할머니, 할아버지만 음력 날짜를 확인하시는 것 같던데, 그럼 음력은 언젠가 역사 속으로 사라지겠죠?"

"지금 사용하고 있는 달력은 정확히 태음태양력이야. 태음력과 태양력을 동시에 고려해서 만든 것이지. 태음력에서 평년이 354일이기 때문에 계절과 월을 조절하기 위해 19년에 일곱 번의 비율로 윤달을 넣어 1년을 13개월로 만드는데, 너희는 딱히 신경 쓰지 않으니 잘 모르고 넘기는 것일 뿐이야."

"윤달 때문에 그런지 항상 보면 음력이 양력보다 한 달 정도 느리더라고요. 2017년 달력을 보니까 1월 1일이 음력으로 12월 4일이에요."

"그럼 24절기는 음력인가요, 양력인가요? 옛날 전통을 따른 것이니 당연히 음력이겠죠?"

"그런데 음력이라고 보기에는 이상한 점이 있어. 해마다 같은 날에 돌아오거든."

"정말? 아, 생각해 보니 엄마 생신이 양력 12월 22일인데, 그날이 동지라고 해서 팥죽을 끓여 먹잖아. 동지는 항상 12월 22일이었어."

"맞아. 춘분과 추분도 각각 3월 22일, 6월 22일이야. 변하지 않아. 24절기는 음력이 아니라 양력인가 봐."

"너희의 논리적인 설명에 따르면 24절기는 양력이라는 거지? 맞아. 사실이야. 24절기가 일정하지 않으면 계절과 맞지 않아서 농사짓는 데 어려움이 따르거든. 다만 2월이 29일인 윤년 때문에 하루 정도는 차이가 나기도 해. 예를 들면, 봄이 시작되는 입춘은 양력 2월 4일이나 5일 중 하루로 정해져 있어. 혹시 입춘이 두 번 있는 해라는 뜻의 쌍춘년이라는 말 들어 봤니?"

"네. 들어 봤어요. 쌍춘년에 결혼하면 복이 온다고 해서 삼촌이 그때에 맞춰 결혼식을 올렸거든요. 그런데 어떻게 입춘이 두 번일 수 있어요?"

"이상하지? 이상한 게 당연해. 뭔가 이상하게 생각되면 그냥 넘어가지 말고, 따지고 조사를 해봐야지. 태양력에서는 입춘이 두 번 있을 수 없으니 태음력의 관점에서 생각해 보자. 그리고 입춘이 두 번 있다면 입춘이 아예 없는 무춘년도 있지 않을까?"

"일단 지난 달력을 한 번 살펴볼게요. 2014년 음력 1월 1일, 그러니까 음력설이 1월 31일이었어요. 그리고 며칠 후 2월 4일이 입춘이었고요. 그런데 9월에 윤달이 들고, 음력이 30일 늘어난 384일이 되면서 2015년 음력설은 2월 19일이 되었어요. 2015년 입춘인 2월 4일이 양력으로는 2015년이지만 음력으로는 아직 2014년인 거예요. 아, 그래서 두 번째 입춘이 된 거네요. 즉, 쌍춘년."

"아하, 누나 말을 들으니 바로 이해됐어. 그럼 음력 2014년이 쌍춘년이었던 거네."

"24절기가 양력이면, 복날은 음력인가요, 양력인가요? 초복, 중복, 말복이 24절기에는 없는데요."

"복날은 여름인데, 날짜가 정해져 있던가? 음력 같은데."

"삼복더위라는 말 들어 봤지? 복날은 초복, 중복, 말복이 되는 날인데, 초복은 하지로부터 26일 후, 중복은 초복으로부터 10일 후야. 입추로부터 9일이 지나면 말복이고."

"그렇다면 복날은 양력이네요. 하지나 입추를 기준으로 하니까요."

"그렇지. 하지나 입추가 양력이면 삼복도 양력인 거지. 초복하고 말복은 며칠이 차이 나는 거지?"

"우선 하지와 입추 날짜를 알아보고 거기서부터 계산하면 될 것 같은데. 2016년 하지는 6월 21일, 입추는 8월 7일이니까 서로 47일 차이가 나고, 여기서 초복을 생각해 26을 빼면 21일, 다시 말복을 생각해 9를 더하면 30일 차이가 나네."

"검산해 보자. 2016년 초복이 7월 17일, 말복이 8월 16일이니 정말 30일 차이가 나네. 정확해."

"잘했어. 어떤 추측이나 계산이 정확한지 확인하려면 똑같은 방법 말고 다른 방법을 사용하는 것이 더 효과적이야. 같은 방법으로는 같은 실수를 반복할 수 있기 때문에 틀린 것을 정확히 잡아내기가 어렵거든. 그런데 아까 얘기했던 무춘년, 즉 입춘이 없는 해에 대해서는 답변이 나오지 않았어."

"쌍춘년처럼 입춘이 두 번 있는 해가 있으니 입춘이 없는 해가 최소한 한 번은 있을 것 같아요. 그런데 무춘년이라는 말을 들어 본 적은 없어요."

"아까 나온 얘기로 추론해 보면, 2015년 음력설은 2월 19일이고 2015년에는 윤달이 없으니까 2015년 음력 날수는 354일이야. 2016년 음력설은 2월 19일보다 11일 빠른 2월 8일이고, 2017년에는 그보다 11일 빠른 1월 28일이 음력설이지. 2016년 입춘이 2월 4일이니까 음력으로 2016년은 입춘이 지난 2월 8일에 시작해서 2017년 1월 27일에 끝나는 거네. 그럼 입춘이 없는 해가 되는데? 박사님, 그럼 2016년이 무춘년인가요?"

"다빈이의 추론이 틀림없다면 확실한 사실이겠지. 음력의 규칙을 이용해서 2015년 음력설이 2월 19일이라는 사실만으로 2016년과 2017년의 음력설을 추론해 내다니, 대단해. 나도 감탄했어."

"제가 달력으로 확인해 보니 모두 맞아요. 아무것도 보지 않고 이렇게 정확히 추론하다니, 수학의 힘이란 정말 대단해요."

태양력

태음태양력이 완벽한 역법은 아니었지만 중국과 우리나라에서는 그래도 태음태양력을 계속 고집했답니다. 하지만 이집트에서는 태양력을 사용하기 시작했어요. 태양력은 해의 움직임을 기준으로 하는 역법이에요.

이집트는 나일 강 하류에 위치한 나라인데, 4계절의 변화는 심하지 않았지만 여기서는 1년에 한 차례씩 나일 강이 넘쳐흘렀답니다. 그래서 이집트 사람에게는 강물이 범람하는 때를 알아내는 것이 중요한 과제였어요. 그들은 오랫동안 하늘을 관찰한 결과, 강이 범람할 때 해가 뜨는 동쪽 지평선에서 시리우스별이 떠오른다는 사실을 알아냈어요. 또 1년이 정확하게 $365\frac{1}{4}$일이라는 것도 발견했죠. 그들은 한 달을 30일로, 1년을 12개월로 정했어요. 나머지 $5\frac{1}{4}$일 중 5일은 한 해의 마지막 달에 덧붙여 1년을 365일로 정했지요.

😊 "이집트 사람들도 1년을 $365\frac{1}{4}$ 일로 생각했네요."

😊 "그들도 별과 해를 관찰해서 1년이 $365\frac{1}{4}$ 일이라는 걸 알아냈지. 그리고 1년을 12개월로 나눈 뒤 한 달을 30일로 정하고, 나머지 5일을 연말인 12월에 넣었어."

😊 "그럼 12월은 35일까지 있는 거네요. $\frac{1}{4}$ 일은 역시 윤년인 4년마다 하루씩 넣었을 테고요. 그런데 윤년이 무조건 4년 주기는 아니더라고요."

😊 "윤년이 4년이 아닌 경우도 있어?"

😊 "응. 8년인 경우가 있어. 윤년을 정하는 기준이 있더라고."

😊 "다빈이가 궁금해서 미리 조사했나 보다. 알게 된 내용을 한 번 설명해 볼래?"

😊 "4의 배수인 해를 윤년으로 하는데, 이 중 100의 배수인 해는 평년으로 한대요. 다시 400의 배수인 해는 윤년으로 하고요. 이 세 가지 규칙만 지키면 돼요."

😊 "그럼 400년에는 윤년이 몇 번 있는 거지?"

😊 "제가 계산해 볼게요. 400까지 세면 4의 배수가 100개 나와요. 그중 100의 배수가 네 개니까 이걸 빼면 아흔여섯 개, 다시 400의 배수가 하나 있으니 결국 400년에 윤년은 아흔일곱 번 있는 거네요."

😊 "잘했어. 하지만 몇천 년 후에는 하루 정도의 오차가 생길 수 있겠지. 그럼 그때 윤년을 하루 더 둬야 할 텐데, 몇천 년 후에는 지구가 어떻게 변해 있을지… 벌써부터 궁금하네."

율리우스력, 시간의 지배자가 되자

1년을 365일로 정한 태양력은 이집트뿐만 아니라 다른 지역에도 영향을 주었어요. 이를 받아들이고 발전시킨 곳이 로마였죠. 로마에서 만든 새로운 달력이 지금 우리가 쓰고 있는 달력의 바탕이 되었어요. 유럽 체험여행을 다룬 『수학이 살아 있다』 1권에서도 이야기했었죠.

로마인의 달력은 기원전 7세기에 제2대 왕 누마가 정비한 태음력이었어요. 그들은 남는 날수를 몇 년마다 한 달씩 늘리며 조정해 나갔지만 달력상의 계절과 실제 계절 사이에는 계속 차이가 생겼어요. 기원전 1세기 중엽이 되자 세 달 가까이 차이가 났죠.

로마의 정치가
율리우스 카이사르

카이사르는 문제가 많은 달력 체계를 바로잡으려 했어요. 달력을 고치고 그 달력을 로마의 영향력이 미치는 곳에 사용하게 했지요. 영토뿐 아니라 시간마저 지배하고자 했던 거예요. 이집트 정복 전쟁 중에는 이집트 천문학자와 그리스 수학의 도움을 받아 달력을 만들도록 했어요.

그들은 지구가 태양 주위를 한 바퀴 도는 데 걸리는 시간을 365일 여섯 시간으로 계산했어요. 1년을 365일로 정하고, 열두 달로 나누었지요. 1년마다 남는 여섯 시간은 4년에 한 번씩 2월 23일과 24일 사이에 하루를 끼워 넣는 것으로 정리했어요. 그래서 그 해의 2월은 29일이 되었죠. 이 태양력은 기원전 45년에 시작되어 무려 1,627년 동안 지중해를 포함한 유럽과 중근동 지역을 지배하게 된답니다.

부활절 계산 방법

카이사르가 만든 율리우스력은 325년에 니케아 종교회의에서 교회력으로 채택되었어요. 이를 기준으로 3월 21일을 춘분으로 삼았고, 삭망월의 14일째 되는 날은 보름으로 정했어요. 3월 21일 이후의 보름 다음 첫 번째 일요일은 부활 시기의 첫날이 되었지요. 부활 시기의 첫날은 3월 22일에서 4월 25일까지 중 어느 하루가 될 수 있었답니다.

👓 "부활절이 될 수 있는 범위가 어떻게 3월 22일에서 4월 25까지예요? 춘분 이후 보름 다음이라면서요."

👧 "저도 이상하다고 생각해요. 춘분이 3월 21일인데 어떻게 4월 25일이 부활절이 될 수 있어요?"

🧑 "의심을 품는 걸 보니 수학적 민감성이 상당히 높아졌나 보다. 의문을

풀기 위해서는 대화와 토론, 탐구 조사 활동이 이어져야겠지. 모든 조사는 어디서 시작돼야 한다고?"

"기본 개념, 그중에서도 정의에서 시작돼야 해요. 제가 시작해 볼게요. 부활절의 정의를 다시 정리해 보면, 3월 21일 이후에 오는 보름 다음 첫 번째 일요일이 바로 부활절이에요."

"누나, 3월 21일 이후라면 3월 21일을 포함하는 거야, 아니면 22일부터를 말하는 거야?"

"'이후'라는 말은 수학 시간에 배우는 용어는 아닌 것 같아. 우리가 자주 쓰는 단어 중에 '이상'과 '이하'라는 말을 생각해 보자. 3 이상이면 3을 포함하지?"

"그렇지. 여기서 내 추론 능력을 발휘해 보자면, 이후는 우리가 아는 이상, 이하와 연결되는 말인 것 같으니까 그날을 포함한다고 봐야 일관성이 있어. 같은 말을 이랬다저랬다 하면 안 되잖아. 그럼 의사소통이 안 되니까. 그러니까 이후라는 말도 이상, 이하와 똑같은 의미로 해석하면 될 거야."

"그렇지. 이상과 이하에서는 포함하고, 이후에서는 포함하지 않으면 나중에 큰 오해가 생길 우려가 있지. 원만한 의사소통을 위해서는 용어의 뜻을 정확히 해야 하고, 일관성도 유지해야 해. 그다음 추론을 계속해 볼까?"

"3월 21일 이후 보름 다음에 오는 첫 일요일이 부활절이라고 했는데, 바로 3월 22일이 부활절일 수 있나?"

			3월			
일	월	화	수	목	금	토
1	2	3	4	5	6	7
8	9	10	11	12	13	14
15	16	17	18	19	20	21 춘분 춘분 이후의 보름
22 보름 다음 첫 일요일	23	24	25	26	27	28
29	30	31				

"음… 거꾸로 생각해 보자. 3월 22일이 부활절이 되려면 일요일이어야 하잖아. 그럼 3월 21일이 보름이면서 토요일이면 가능한 거지? 다시 정리해 보면, 3월 21일이 보름이자 토요일이면 그다음에 오는 첫 일요일은 3월 22일이 될 수 있겠다. 그렇게 되면 부활절이 될 가능성이 가장 높은 날이 3월 22일이고."

"이제 4월 25일만 파악하면 되겠네. 그런데 이건 이상해. 너무 멀어."

"부활절이 늦어지기 위한 조건을 생각해 보면 될 것 같아. 이것도 거꾸로 생각해 볼까? 3월 21일 이후의 보름이 최대한 늦게 와야 하는데, 어떤 조건이어야 할까?"

"3월 21일이 보름 바로 다음 날, 즉 음력 2월 16일이면 그다음 보름인

3월						
일	월	화	수	목	금	토
14	15	16	17	18	19	20
21 춘분	22	23	24	25	26	27

4월						
일	월	화	수	목	금	토
18 춘분 이후의 보름	19	20	21	22	23	24
25 보름 다음 첫 일요일	26	27	28	29	30	

음력 3월 15일까지 약 한 달 차이가 생겨."

"그거네. 그럼 3월 20일이 보름이니까 음력 2월 15일이고, 그다음 보름이 음력 3월 15일인데, 음력으로 2월은 작은달이니 29일을 더하면 되지."

"더해 볼게. 3월 20일에서 29일이 지나면… 3월은 31일까지 있으니까, 4월 18일이야. 이날이 보름이야."

"그럼 4월 18일이 춘분 이후 첫 보름이고, 그다음에 오는 첫 번째 일요일이 부활절. 4월 18일이 토요일이면 다음 날인 19일 일요일이 부활절이겠지만 최대한 늦어지려면 4월 18일이 보름이면서 일요일이어야 해."

👦 "4월 18일이 일요일이면 다음 일요일은 4월 25일이야. 와, 어떻게 이렇게 한 치의 오차도 없이 정확하게 4월 25일이 나오지?"

👧 "추론 성공이야. 추론 능력이 막 생겨나는 것 같아. 수학도 점점 재미있어지고."

👦 "누나, 나도 수학이 점점 좋아져. 어떤 한 개념을 정확히 이해한 다음 다른 개념에 연결하니까 모든 게 다 해결돼. 왜 지금까지는 개념 연결이라는 걸 의식하지 않았지? 수학교과서에 이런 말들이 쓰여 있지 않은 것도 이상하고. 친구들에게 꼭 알려 줄 거야. 특히 수학을 싫어하고 힘들어하는 친구들이 많은데, 내가 수학 고민을 해결한 것처럼 이제 그 친구들도 고민을 해결할 수 있을 거야."

그레고리우스력, 부활절을 지켜라

교회력에서 1년의 길이는 365일과 6시간이었어요. 카이사르가 만든 태양력을 받아들인 것이죠. 시간이 흘러 16세기 유럽에서 천문학 연구가 활발해지자 지구가 태양 주위를 도는 데 걸리는 시간을 정확히 측정할 수 있게 됐어요. 그 결과, 1년은 365일 5시간 48분 46초였어요. 율리우스력에서 365.25일이었던 게 사실 365.2422일인 것으로 밝혀졌지요. 차이가 얼마

되지 않는다고 생각하겠지만 이 짧은 차이가 무려 1,257년간 모이면 어떻게 될까요? 가톨릭교에서는 부활절 절기가 달라지기 때문에 이것이 큰 문제라고 생각했어요. 그래서 1582년 교황은 그레고리우스력을 발표했는데, 이것이 바로 오늘날 우리가 사용하는 태양력 또는 양력이에요.

👓 "박사님, 인터넷에는 지구의 공전 주기, 그러니까 지구가 태양을 한 바퀴 도는 데 걸리는 시간이 365일 5시간 48분 46초라고 되어 있어요. 그런데 박사님께서 365.2422일이라고 하셨잖아요. 둘이 어떻게 같은 거예요?"

👩 "저도 시, 분, 초를 어떻게 소수로 고치는지 잘 모르겠어요. 중학교 교과서에서 활용문제를 풀 때, 15분을 소수로 고치려면 15를 60으로 나누어 $\frac{1}{4}$ 시간, 0.25시간이라고 한다는 건 배웠어요."

👩 "해보지 않았다고 해서 할 수 없는 건 아니야. 추론 능력을 발휘해 봐."

👓 "추론이 가능하다면 뭔가 연결 고리가 있다는 뜻인데, 그게 뭘까요?"

👩 "분을 시간으로 고칠 때는 한 시간이 60분이니까 60으로 나눴어."

👓 "그럼 시간을 일로 고치는 것은 하루가 24시간이니 24로 나누면 되나? 5시간을 24로 나누면 0.20833⋯⋯이 나오는데, 왜 딱 떨어지지 않고 3이 반복되지?"

👩 "소수점 아래 반복되는 숫자는 중2에 나오는 내용이니까 지금은 신경 쓰지 말고 반올림해서 소수점 아래 다섯 자리까지 구해 보자. 그

럼 5시간은 0.20833일이지."

"48분은 어떻게 하지? 60으로 나눈 다음 다시 24로 나누면 될까? 그
럼 0.03333일이네."

"46초는 내가 해볼게. 계산기 줘봐. 46초를 분으로 고치려면 60으로
나누고, 시간으로 고쳐야 하니 나누기 60, 그다음 일로 고칠 때는 나
누기 24, 이렇게 하면 0.00053일이야."

"이걸 더하고 반올림해서 소수점 아래 네 번째 자리까지 구하니까
0.2422일이야. 이렇게 해서 365.2422일이 되는 거구나."

"그런데 윤년을 정한 규칙을 적용하면 1년이 365.2425일이 되기도
해."

"윤년을 만든 규칙이라면 앞에서 말씀하신 4의 배수의 해를 윤년으로
하고, 이 중 100의 배수의 해를 다시 평년으로, 또 400의 배수의 해를
윤년으로 정하는 규칙을 말씀하시는 건가요?"

"그렇지. 이 부분은 내가 설명해 줄게. 4의 배수인 해를 윤년으로 하
면 1년에 0.25일이 늘어나. 이 중 100의 배수의 해를 윤년에서 빼면
0.01일이 줄어드니까 0.24일이 되고, 다시 400의 배수의 해를 윤년으
로 하면 1년에 0.0025일이 늘어나니까 0.2425일이 돼."

"0.0003일 차이가 나니까 언젠가 하루를 줄여야 할 때가 온다는 말씀
이었네요. 계산해 보니 3,000년쯤 돼요."

"처음 부활절을 제정한 서기 325년에는 춘분이 3월 21일이었는데, 율
리우스력의 오차 때문에 날짜가 조금씩 앞당겨지더니 그레고리우스

력을 제정한 1582년에는 약 10일이나 빨라졌어. 1,257년 동안 대략 10일 차이가 나게 된 거야. 태양력을 사용했던 1,627년 동안에는 4년에 하루를 늘리는 윤년을 사용했기 때문에 실제보다 날수가 늘어났다고 볼 수 있는데, 대략 10일이라는 계산은 어떻게 나온 걸까?"

"서기 325년부터 1582년까지니까 오차가 발생한 기간은 1582-325 하면 1,257년으로 봐야겠죠?"

"1,257년 동안 1년의 길이를 365.25로 지내 왔으니까 실제인 365.2422와의 차 0.0078에 1257을 곱하면 9.8046이 나와요… 태양력을 쓰는 동안 10일 정도가 빨라진 거네요."

"그럼 이걸 알아차린 다음에 어떻게 했어요?"

"우선 한 가지 정정할 게 있어. 너희 추론으로는 10일 정도가 빨라졌다고 했는데, 태양력의 공전 주기는 365.25일이고 실제 공전 주기는 365.2422일이야. 태양력을 적용하면 1년이 실제보다 더 길어진 것 아닐까?"

"365.2422일 만에 다음 해 1월 1일이 오는데 태양력은 아직 1월 1일이 안 되었으니 태양력이 늦네요. 늦고 빠른 것에 대해서는 미처 생각하지 못했어요. 달력은 아직 12월 20일 정도예요."

"실제로 128년에 1일 정도 차이 나던 것이 중세에 이르자 오차가 대략 10일 정도 됐어. 달력의 날짜가 실제 지구의 움직임보다 10일 정도 늦어진 거야. 그 차이를 일반인들도 알아차릴 정도였기 때문에 로마 교황청에서는 부활절 날짜를 바로잡기 위해서라도 달력위원회를 구성해 달력 개혁을 시도했지. 1572년에 그레고리우스 13세가 교황으로 즉위하자 달력 개혁은 속도를 내게 되는데, 달력위원회의 보고서를 토대로 그레고리우스 13세는 1582년 2월 24일에 새로운 달력, 그레고리우스력을 발표해. 이에 따라 1582년 10월 로마의 달력에서는 열흘이 한꺼번에 없어졌지. 그레고리우스력은 유럽을 중심으로 시행되었고, 점차 세계적으로 채택되었어. 이때부터 윤년의 규칙이 이렇게 정리되었단다."

- 4년마다 윤년을 둔다.
- 100의 배수가 되는 해에는 윤년이 없다.
- 400의 배수가 되는 해에는 다시 윤년을 둔다.

결국 일상의 주기적 현상은 수학의 아주 중요한 학습 요소인 패턴에 관한 것이었어요. 10간 12지가 그렇고, 태음력 및 태양력 등 역법의 역사, 부활절을 정하는 방법도 지극히 수학적이었습니다. '박물관 가는 길'에서는 신문의 통계 자료를 통해 수학적 민감성을 강화시켜 보지요.

박물관 가는 길

통계의 함정

 "박사님, 이거 보세요. 신문에 신규 국회의원 재산 등록 현황이 나왔는데, 평균이 약 34억 2200만 원이래요. 부자여야 국회의원이 될 수 있나 봐요."

 "그래? 나도 좀 보자. 그런데 최고 자산가로 꼽힌 김병관 의원님이 평균을 많이 높여 놓았다는 생각이 드는데요. 기사 내용에 전체 154명의 평균뿐 아니라 최고 수치를 뺀 나머지 의원의 평균도 제시돼 있는데, 절반 정도인 19억 1400만 원이에요. 이렇게 보니 최고 수치를 빼고 계산하는 게 의미 있을 때도 있나 봐요."

 "한 사람을 뺐다고 평균이 절반이나 줄다니… 이상해요. 어떻게 계산했기에 이런 결과가 나왔을까요? 확인이 필요해요. 총액을 알아야 평균을 구할 수 있는데, 신문에는 상·하위 각 열 명씩 스무 명의 재산만 나와 있어요. 이번에 처음 국회의원이 된 154명 전체 자료를 어떻

2015년 20대 국회 신규 등록 의원 재산 신고 현황	
(단위 : 원, 새=새누리당, 더=더불어민주당, 국=국민의당, 정=정의당)	

상위 10위		하위 10위	
김병관(더)	2341억3245만	김중로(국)	-550만
박 정(더)	237억9138만	송기헌(더)	868만
성일종(새)	212억4862만	김수민(국)	2691만
최교일(새)	195억7203만	황 희(더)	8421만
김삼화(국)	86억9998만	신보라(새)	1억1389만
이은재(새)	86억8560만	이정미(정)	1억1406만
김종인(더)	85억486만	오영훈(더)	1억1822만
금태섭(더)	67억6208만	이재정(더)	1억3651만
이혜훈(새)	65억2140만	권칠승(더)	1억4511만
김종석(새)	64억9604만	김광수(국)	1억4608만

게 알 수 있죠? 계산기가 있으니 많기는 하지만 그래도 다 더하기만
하면 답이 나올 텐데요."

"평균의 의미를 알면 계산기 없이도 계산할 수 있어. 평균을 구하기
위해서는 재산의 총합을 먼저 구했을 거야. 그걸 154명으로 나눈 값
이 평균이니까, 총합을 구하는 건 거꾸로 생각하면 돼."

"총합을 구할 수 있다고? 134명 것은 없고 스무 명 것만 가지고 가능
하다고?"

"눈앞의 자료만 보지 말고, 평균의 의미를 생각해 봐. 평균을 어떻게 구
해? 만약 어떤 시험에서 열 과목 평균이 80점이면 총점은 몇 점이야?"

"그야 800점이지."

"거봐, 너 지금 열 과목 각각의 점수를 전혀 모르는 상태에서 총점을 구했잖아."

"그거야 열 과목이고, 맨날 구하는 게 점수 평균이니까… 아, 마찬가지 방법으로 구하면 되는구나. 추론 능력을 배우면서도 발휘할 기회를 놓치고 있었네. 겉으로 보이는 것에 현혹됐나 봐. 그런데 국회의원들은 나하고 관계없기도 하고, 154명이라고 하니 암산이 안 돼 막막했어. 재산 단위가 나에게는 엄청나게 큰돈이기도 하고."

"자, 그럼 이제 해봐."

"수가 크니까 계산기로 할게. 154명의 평균 재산이 34억 2200만 원, 총합은 34억 2200만 원×154명, 5269억 8800만 원이야. 그런데 총합을 왜 구하려 했던 거지?"

"신문의 수치가 정확한지 확인해 보려는 거였잖아. 특히 최고 수치 하나를 제외한 나머지 국회의원의 평균이 절반 가까이 떨어진 게 정확한지 확인하려고."

"신문에 나온 수치에는 사실 많은 것이 생략돼 있기도 해. 신문 등 일상의 수치를 그대로 믿지 않았으면 해. 지난 북유럽수학체험여행 중 노르웨이 플롬 산악철도에 갔는데, 한국어판 설명서의 철로 경사도 수치가 이상한 거야. 경사도는 두 가지 수치, 즉 출발점과 정상 사이의 높이 차이와 철로의 길이를 알면 누구나 구할 수 있거든. 그래서 직접 계산해 봤더니 전혀 엉뚱한 결과가 나오더라고. 그런데 공식적으로 나온 설명서니까 가이드 선생님도 거기 나온 그대로 설명하고,

학생들은 대부분 받아 적기에 바빠서 이게 잘못됐다는 걸 알아채지 못하는 거야. 게다가 중2 교과서에 이 내용이 기울기 개념으로 설명되어 있는데, 중2 이상 학생 중 아무도 이 상황이 기울기와 같다는 걸 생각해 내지 못했어. 초등학생도 비율을 명시적으로 배우는 6학년이면 추론해서 구할 수 있는데."

"저도 그런 민감한 감각으로 이 자료를 분석해 보겠습니다. 그러니까 제가 궁금한 건 최고 수치를 뺀 평균이 전체 평균에서 절반 가까이 떨어진 게 맞는가 하는 것이에요. 기왕 계산기를 만진 김에 제가 끝장을 보겠습니다. 154명의 재산 총합이 5269억 8800만 원인데, 여기서 최고치인 약 2341억 3200만 원을 빼면 2928억 5600만 원이 나옵니다. 이건 153명의 평균이에요. 그러므로 김병관 의원님을 제외한 나머지 153명의 평균 재산은 이걸 153으로 나눈 약 19억 1400만 원이에요."

"신문 기사가 정확하네요. 신문 기자들은 수학을 잘하나 봐요."

"꼭 그렇지만은 않을 거야. 이 정도는 사실 초등학교, 중학교에서 배운 수학으로도 충분히 해결할 수 있거든."

"박사님, 저 자료에서 상위 네 명의 의원을 제외하는 것도 의미가 있을 것 같아요."

"어, 어째서 그렇게 생각해?"

"수치의 변화를 보면, 2341억도 물론 엄청난 수치지만, 그 아래 237억, 212억, 195억을 빼면 나머지는 모두 86억 원대 이하잖아요. 여기도 격차가 많다고 생각돼서요."

"그렇게 하면 한 사람만 빼고 계산하는 것보다 더 낮은 평균이 나오겠다. 이번에는 내가 계산해 볼게. 김병관 의원님을 제외한 153명의 총합이 2928억 5600만 원이라는 결과를 이용하면… 여기서 세 사람의 수치인 약 237억 9100만 원, 약 212억 4900만 원, 약 195억 7200만 원을 빼면 2282억 4400만 원… 150으로 나누면, 약 15억 2200만 원이에요."

"박사님, 또 4억 원 정도가 줄었어요. 처음 34억의 절반도 안 되는 값이에요. 상위 네 명의 영향이 이렇게나 크다니."

"이 정도면 국회의원의 재산이 일반 시민의 재산보다 터무니없이 많다는 오해를 풀 수 있겠어요. 그리고 평균이라는 것이 정말 단순하지 않다는 생각이 들어요. 수학교과서에서 봤는데, 우리가 많이 사용하는 평균은 어떤 자료를 대표하는 값 중 하나일 뿐이니까 평균만 고집할 게 아니라 중앙값이나 최빈값 등도 대푯값으로 적극적으로 사용할 필요가 있대요."

"중앙값, 최빈값… 그게 뭐야? 중앙값은 한가운데 있는 값이라는 것 같은데, 최빈값은 뭐야? 가장 가난한 사람이 기준인 거야?"

"최빈값의 빈 자는 가난할 빈이 아니라 자주 빈이야. 자주, 많이 나온다는 뜻이니까 최빈값은 가장 많이 나오는 수치를 대푯값으로 생각해야 한다는 거지."

"다빈이가 잘 설명했어. 하여튼 국회의원들은 너희에게 고마워해야 할 거야. 억울한 오해를 벗을 수 있도록 도와줬으니. 신문 기사나 통계 자료 수치를 무조건 믿으면 큰코다칠 수 있다는 사실을 다시 한 번 느낀 기회가 됐다."

"박사님, 평균에 대해 제가 최근에 어떤 책에서 본 이야기가 있는데요… 전쟁 중 한 부대가 걸어서 강을 건너야 하는 상황에 처했대요. 지휘관이 강의 정보를 파악해 봤더니 평균 수심이 1미터 30센티였다는 거예요. 그래서 이 지휘관은 부하들에게 걸어서 강을 건널 것을 명했는데, 부하들이 물속에 빠져 죽었다는 내용이었어요. 글의 제목이 '통계의 함정'이었던 것 같아요. 그런데 군인들 키가 1미터 30센티보다는 컸을 거 아니에요. 그래서 그 지휘관이 건널 수 있을 것으로 판단하고 명령을 내린 것인데, 뭐가 잘못된 거예요? 왜 얕은 물속에 빠져 죽은 걸까요? 강물의 흐름이 빨라서 강물에 휩쓸리는 바람에 깊은 바다로 빠졌을까요?"

"나도 그 이야기, 교과서 읽을거리에서 봤어. 처음에는 너처럼 생각했는데, 책에는 그림이 나와 있어서 금방 이해했지. 지휘관이 참 단순한 사람이었더라고. 평균 수심이 1미터 30센티면, 강바닥이 평평하지 않

평균 수심이 1미터 30센티인 강에서 발생한 평균의 오류

은 이상 평균보다 얕은 지역, 더 깊은 곳이 있을 수 있잖아. 혹시 2미터가 넘는 지점이 있으면 당연히 빠져 죽을 수 있는 거지. 지휘관이 그 사실을 간과한 거야."

"그러네. 대푯값으로 평균을 쓸 때 충분히 일어날 수 있는 일이었네. 나는 강물에 휩쓸려 죽었다고 생각했어. 이제 평균이라는 개념이 확실히 와닿는 느낌이 든다. 평균에 관한 거라면 뭐든지 해결할 수 있을 것 같아."

"그렇다면 실제로 중앙값이나 최빈값의 중요성을 인식할 수 있는 예를 들어 볼래? 그 정도가 되면 대푯값 개념에 대한 이해가 보다 충분해질 거야."

"아, 저 생각난 거 있어요. 제 친구 얘기예요. 그 친구는 자기가 일주일 동안 하루 평균 70분간 공부했다고 했어요. 매일 한 시간 이상씩 공부했다는 거죠. 그런데 실은 주로 주말에 몰아서 공부하고 평일에는 거의 하지 않은 거였어요."

"혹시 실제로 매일 공부한 시간을 기억해?"

"네, 기억나요. 워낙 말이 안 되는 시간이었거든요. 토요일에 180분, 일요일에 220분 공부하고, 월, 수, 금 3일은 하나도 안 했어요. 그리고 화요일에 70분, 목요일에 20분 공부한 게 전부예요."

요일	월	화	수	목	금	토	일
공부 시간	0분	70분	0분	20분	0분	180분	220분

"작은 값부터 순서대로 적으면 0, 0, 0, 20, 70, 180, 220이니까 중앙값은 한가운데 있는 20분이고, 최빈값은 0분인 건가? 와, 뻥을 심하게 쳤네. 어떻게 평균 70분이라는 사실만 가지고 매일 한 시간 이상 공부했다고 우긴 거지?"

"아주 좋은 예네. 평균을 그냥 믿으면 안 된다는 교훈을 다시금 기억하면 좋겠다. 앞으로 평균을 보면 그 원자료를 세심하게 살필 필요도 있다는 사실을 기억해."

"네, 알겠어요. 정말 통계의 함정이라는 말이 맞네요."

레오의 일기

201X년 7월 15일 토요일

제목 : 주기적인 현상

　더운 여름은 정말 싫다. 추운 겨울도 싫다. 선선하고 야외 활동 하기에 편리한 봄, 가을이 좋다. 이 여름이 지나면 정말 꿈 같은 가을이 어김없이 돌아올 것이다. 앞으로 세상이 어떻게 변할지 몰라도 내가 살았던 요 십몇 년 동안에는 그랬다.

　박사님은 이런 걸 주기적인 현상이라고 하셨다. 그러고 보니 우리 일상은 주기적인 현상 천지다. 하루의 생활이 그렇다. 아침마다 일어나서 세수하고 밥 먹고 학교에 간다. 낮에는 학교 시간표에 맞춰 생활하고 방과 후에는 친구들과 어울려 여러 가지 일을 한다. 저녁이 되면 가족이 모여 밥을 먹은 후 텔레비전을 보거나 숙제를 하는 등 시간을 보내다가 밤이 되면 잠자리에 든다. 다음 날 아침이면 여지없이 잠에서 깨어나 다시 똑같은 일을 반복한다. 이것도 주기적인 현상이다. 우리 생활의 주기는 하루 24시간이다.

　주기적인 현상을 떠올리려 하니 오히려 주기적이지 않은 일이 거의 없다. 엄마가 화를 내는 상황도, 그동안의 생활을 생각해 보면 갑자기 닥쳐오는 게 아니라 오히려 적당한 간격으로 온다.

　요즘같이 더운 날, 방에 에어컨을 켜놓고 온도를 설정해 두면 방 안 온도는 주기적으로 올라갔다 내려갔다 한다. 온도가 올라가면 에어컨이 작동되고, 에어컨이 작동되면 온도가 내려가서 에어컨이 꺼진다. 시간이 지나 다시 방 안 온도가 올라가면 에어컨이 켜지고, 온도가 내려가면 다시 에어컨이 꺼지는 일이 적당한 시간 간격으로 반복된다.

언젠가 어린이 신문에서 본 기사가 생각난다. 바닷물은 하루 두 번 밀물과 썰물에 따라 오가는데, 한 번 밀려 들어와 나가는 데는 보통 12시간 30분이 걸린다. 하루 두 번 밀물과 썰물이 왔다 가면 25시간이 걸리니까 밀물과 썰물 시간은 하루 한 시간씩 늦어진다. 어부들은 이 주기를 염두에 두고 항구에 돌아오는 시간을 조절한다.

주기적인 현상을 잘 이해하지 못하면 사는 데 지장이 있을 것이다. 예측을 하지 못해 허둥대거나 해야 할 일을 제때 하지 못하는 경우가 생길 테니 말이다. 주기라고 하는 것이 이렇게 사용되는지 잘 몰랐는데 막상 정리해 보니 정말 중요한 것이라고 생각된다.

같이 생각해 봐요

주기적인 현상을
이해하면 얻을 수 있는
이점이 무엇일까?

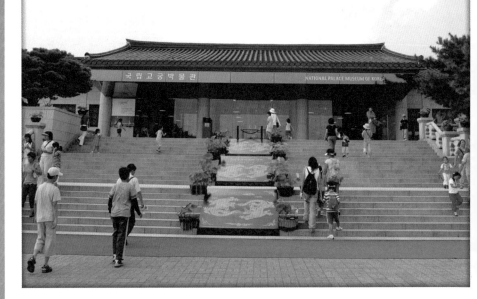

조선 왕실과 대한제국 황실의 문화유산을 소장하고 있는 국립고궁박물관.
경복궁 내에 위치하고 있다.

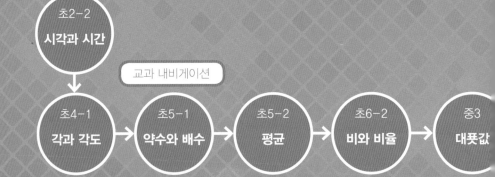

레오야!

레오야!

응.

지금 몇 시야?

날이 흐려서 몇 시나 됐는지 모르겠네.

누나도 참…

핸드폰 보면 되잖아. 또 충전 안 했구나.

하하하.

날이 흐리면 아무래도 시간을 가늠하기 어렵지.

호로록

옛날에는 시계도 없었는데 시각을 어떻게 알았을까요?

광화문에 해시계가 있던데 어떻게 보는지 도무지 모르겠더라구요.

그래? 그럼 같이 보러 갈까?

?

날짜와
시각을
동시에
알려 주는
앙부일구

앙부일구는 국립고궁박물관, 국립민속박물관, 서울역사박물관 등 여러 곳에서 볼 수 있어요. 오늘은 국립고궁박물관 지하 1층으로 가보지요. 이곳의 앙부일구는 유리로 만든 사각기둥 안에 들어 있어요. 사방에서 앙부일구의 모든 모습을 볼 수 있지요.

솥 모양의 해시계,
앙부일구

국립고궁박물관에서는 사방에서 볼 수 있어요

🙂 "저기 꼭 솥단지 같이 생긴 게 바로 앙부일구야. 모양은 공, 즉 구를 딱 절반으로 쪼갠 반구형이고, 크기는… 한 뼘보다 약간 크지? 지름의 길이가 대략 25~35센티 정도 돼."

🙂 "저게 시계라고요? 돌아가는 바늘이 없는데 시각을 어떻게 알 수 있어요?"

🙂 "추측이나 추론을 하려면 정밀하게 관찰할 필요가 있어. 찬찬히 한 번 살펴봐."

🤓 "가운데 오목한 부분에 줄이 상하 좌우로 그어져 있는데, 이게 눈금일 수도 있을 것 같아요."

🙂 "그래, 꼭 지도의 경도선, 위도선 같아. 그런데 이건 시계잖아. 왜 지도처럼 격자선이 그려져 있을까? 아, 그러고 보니 주둥이 바깥쪽 글자가 자, 축, 인, 묘 12지네. 그럼 가운데 뾰족 튀어나와 있는 게 바늘인가? 그런데 움직이지는 않고."

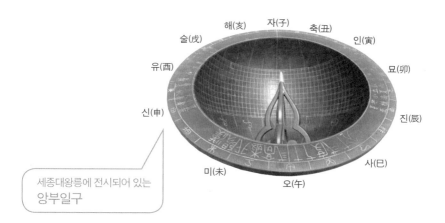

세종대왕릉에 전시되어 있는
앙부일구

"아, 12지가 있으니 360도를 12로 나눠 볼까? 30도네. 그럼 각각 30도를 차지하나?"

"자, 하나씩 정리해 보자. 일단 12지를 발견했어. 12지는 시간을 나타내기도 하고 방향을 나타내기도 하거든. 그러니까 상하 중앙에 있는 자오(子午)는 남북 방향을, 양쪽 중앙의 묘유(卯酉)는 동서 방향을 나타내는 거야. 그런데 여전히 고민스러운 점은 바늘이 없다는 사실이지. 가운데 저 뾰족한 걸 바늘이라 치더라도, 돌지 않는다는 게 또 문제고."

"혹시 저 솥단지 같은 본체가 돌아가나요? 그럴 리는 없고. 참, 앙부일구가 해시계라고 하셨죠?"

"맞다, 누나. 여기는 실내라서 해가 없는데, 해가 뜨면 그림자가 생길 테고, 그림자를 만들 물건은 가운데 뾰족 튀어나온 바늘뿐이야."

"아, 박사님. 바늘이 뾰족하니까 그 그림자도 뾰족하겠죠? 그럼 그게 오늘날 시계의 시침, 분침 모양과 비슷해요. 그렇다면 그림자 끝이 가리키는 곳에 있는 상하 좌우의 격자선이 시계의 눈금이라는 말이 되는데, 선이 왜 이렇게 많이 필요할까요?"

"요즘 시계를 보면 눈금이 원 모양으로, 한 줄로 그려져 있지."

"일단 이건 해시계니까 하루 24시간을 나타낼 필요가 없어요. 해가 떠서 그림자가 생기는 낮 시간에만 시각을 잴 수 있으니까, 원 전체가 아닌 절반만 나타내면 돼요."

"그럼 좌우의 선이 시간의 흐름을 나타내는 건 분명하네."

🧑 "안쪽에서 튀어나와 있는, 끝이 뾰족한 바늘 모양의 물건을 시침(時針) 이라고 하는데, 이 시침의 끝부분은 정확히 반구의 중심에 위치해. 그리고 이 시침은 남북 방향으로 놓여 있어. 바깥 원의 자오 방향이지. 아침에 해가 동쪽에서 뜨면 그림자는 서쪽, 그러니까 앙부일구의 왼쪽 어딘가를 가리킬 거야. 그리고 해가 점점 떠올랐다가 저녁에 서쪽으로 지면 그림자는 왼쪽에서 중앙을 거쳐 오른쪽으로 움직이겠지."

🧑 "그러니까 좌우 선은 하나만 있으면 되는 거 아닌가요? 지금 세어 보니 상하로 선이 열세 개나 있어요."

🧑 "그게 지금 여기서 중요한 내용이 될 것 같은데, 연관되는 점을 좀 더 찾아보자."

🧑 "해시계는 해의 움직임과 관계있다는 점을 생각해 봤어요. 해가 여름에는 높이 뜨고 겨울에는 낮게 뜨잖아요. 그럼 계절마다 그림자의 위치가 높고 낮을 거니까 그걸 고려한 게 아닐까요?"

🧑 "그럴듯하네. 여름에는 남중고도가 높으니까 그림자가 아랫부분에 생기고, 겨울에는 남중고도가 낮으니까 그림자가 윗부분에 생긴다는 거지? 박사님, 그럼 이 선들은 해의 높낮이를 고려해서 거기에 맞게 그린 것으로 볼 수 있어요."

🧑 "좋은 추측이야. 그럼 맨 아래 가장 낮은 선은?"

🧑 "하지요. 가장 높은 선은 동지고요."

🧑 "그럼 각각 24절기를 나타내는 것 같은데요?"

🧑 "바로 그거야. 하지부터 시작해서 왼쪽으로 올라가면 열두 개 절기를

거쳐 동지에 이르고, 다시 동지부터 시작해서 오른쪽으로 내려가면 열두 개 절기를 거쳐 하지에 이르니까 총 24절기가 좌우로 열두 개씩 나눠지거든. 그게 곧 1년이고.”

“그럼 가운데 있는 선이 춘분과 추분이겠네요. 낮과 밤의 길이가 같은 춘분과 추분에는 태양의 남중고도도 거의 비슷한가 봐요.”

“맞아. 춘분과 추분에는 태양의 높이가 비슷하지. 그럼 이때 해시계에서는 가운데 있는 선을 따라 시침의 그림자가 움직일 거야.”

“시침의 그림자가 가리키는 곳 좌우에 24절기 선이 있으니 계절을 알 수 있겠어요. 그럼 시각은 어떻게 알아요?”

“시침의 그림자가 좌우로 움직이니까, 아마도 해가 남중했을 때 그림자가 가운데 있겠지? 그럼, 그때는 낮 12시, 옛날 시각으로 오시 정초각이겠네.”

“엥, 그게 무슨 말이야? 오시 정초각?”

“옛날에는 매시를 둘로 나눠서 앞의 것은 초, 뒤의 것은 정이라고 했거든. 그럼 오시는 오전 11시부터 오후 1시까지니까 오전 11시는 오초, 오후 12시는 오정이 되는 건데, 초와 정은 다시 각각 초초각, 초1각, 초2각, 초3각, 초4각과 정초각, 정1각, 정2각, 정3각, 정4각으로 나뉘었어. 그래서 낮 12시가 오시 정초각인 거야.”

“음, 알 듯 말 듯 그러네.”

“이따 자세히 다룰 기회가 다시 있으니까 지금 정확히 이해되지 않는 부분이 있으면 그때 가서 해결하자.”

"박사님, 그런데 위아래로 기다란 선이 있고 그 사이를 8등분하는 선이 또 있어요. 이건 뭔가요?"

양부일구 안쪽의 세로선은 매일의 시각을 나타내요

"위아래로 길게 뻗은 선은 시각을 나타내는 선이야. 해시계는 해가 뜰 때부터 질 때까지 시각을 나타내는 거니까, 묘시부터 유시까지를 그 일곱 개 선이 나타내 주는 거지. 실제로는 해가 동쪽에서 뜰 때 그림자는 왼쪽에 생기는데, 그때가 묘시, 그러니까 새벽 5시에서 7시인 거야. 그리고 한낮의 가운데 오시를 지나 해가 서쪽으로 질 때는 그림자가 오른쪽에 생기는데, 그때는 유시, 저녁 5시에서 7시가 되는 거지."

"그럼 시간을 나타내는 선 사이가 8등분됐으니까 $60 \div 8 = 7.5$, 7.5분씩인 건가요?"

"아니지. 지금 시간으로는 한 시간이지만 옛날 시간으로는 두 시간을 생각해야 하니 $120 \div 8 = 15$, 그러니까 선 하나를 15분으로 생각해야 맞을 것 같아."

"이제 알겠다. 그럼 그림자 끝이 정해지면 먼저 그걸로 날짜를 알 수 있고, 기다란 선을 기준으로 시를 읽은 다음 8등분한 선을 따져 분을 읽는다는 거잖아."

"박사님, 해시계가 지금 시계보다 더 편리한 것 같아요. 지금 시곗바늘은 날짜를 알려 주지 않잖아요. 그날 중 몇 시 몇 분인지만 알 수 있는데, 우리 해시계의 그림자는 위아래로 움직이며 날짜를 파악하고 좌우로 움직이며 시간과 분을 알려 주는 기능을 가졌네요. 어떻게 옛날 사람들이 이렇게 복잡한 기구를 만들 생각을 했을까요? 우리 조상의 지혜는 보통이 아니에요."

"누나, 여기 위쪽 평평한 부분에 24절기가 써 있어. 좌우로 맨 위와 맨 아래는 동지와 하지, 그리고 왼쪽 중앙은 추분, 오른쪽 중앙은 춘분이야. 시침의 그림자 끝이 지나는 부분을 좌우로 보면 절기, 곧 계절을

열세 줄의 가로선은 절기를 나타내요

알 수 있다는 게 확실해. 와, 박사님, 앙부일구는 하루 중의 시각뿐만 아니라 1년 중의 절기도 알려 주는 해시계였어요."

"달력 역할까지 하는 시계네요. 정말 멋진 조상의 작품이에요. 자랑스러워요."

"만약 지금 이 앙부일구를 박물관 밖으로 가지고 가면 시간이 정확히 맞을까요? 정말 궁금해요."

"맞겠지. 우리 조상들이 수백 년 동안이나 사용했던 시계잖아.

"경복궁 사정전이나 광화문 광장에 가면 야외에 앙부일구가 놓여 있어. 가서 직접 확인해 볼까?"

백성을 사랑한 왕, 세종

세종 때 혼천의, 간의, 소간의 등의 천체관측기구를 비롯하여 여러 해시계가 만들어졌지요. 하지만 이는 나라의 필요에 따라 만들어진 것이었기 때문에 해시계가 있다고 해서 일반 백성 누구나 정확한 시각을 알 수 있는 건 아니었어요. 세종은 백성을 사랑한 왕이었습니다. 글을 모르는 백성들도 시각을 알고 생활하기를 원했어요. 『세종실록』에 다음과 같은 기록이 있습니다. "처음으로 앙부일구를 혜정교(현재 광화문우체국 부근의 다리)와 종묘 앞에 설치하여 해 그림자를 관측했다."

또 집현전 직제학 김돈은 다음과 같은 글을 남겼어요. "설치해 베푸는 것 중에 시각을 알려 주는 것만큼 큰 것이 없다. 밤에는 경루(更漏, 물시계)가 있으나 낮에는 알기 어렵다. 구리를 주조해 만들었고 모양은 가마솥과 같다. 자방(子方)과 오방(午方)이 마주 보도록 주둥이에 눈금을 새겼다. (…) 안쪽의 반구면에 도수를 새겼으니 주천(周天)의 반이요, 12지신(十二支神)의 그림을 그려 넣은 것은 어리석은 백성을 위한 것이다. 각(刻)과 분(分)이 또렷한 것은 해에 비쳐서이고, 길옆에 설치한 것은 보는 사람이 많이 모이기 때문이다. 지금부터 시작하여 백성들이 만들 줄을 알 것이다."

앙부일구가 세상에 나오기 전까지 시계는 궁궐 안에만 있었어요. 세종 때 만든 앙부일구는 세계 처음으로 누구나 이용할 수 있는 공중 시계였습니다. 조선의 수도인 한양은 자연적으로 만들어진 도시가 아니었어요. 지금 서울의 강남처럼 계획적으로 만든 도시였지요. 따라서 한양에는 큰 도로가 있었고 그 도로는 항상 다니는 사람들로 붐볐어요. 세종은 한양의 중심지인 혜정교와 종묘 앞에 해시계를 두고, 백성이면 누구나 이용하도록 했습니다.

앙부일구는 우리나라에서만 만들어 사용한 해시계입니다. 일반 해시계와는 그 모양이 다소 다른데, 시각을 표시하는 면이 평평하지 않은 데다 밥을 짓는 가마솥 모양이어서 그 이름이 '하늘을 우러러보는 가마솥'이라는 뜻의 앙부일구가 되었답니다.

세종 때 만들어진 관측기구 및 측정기구

혼상

둥근 구면에 하늘의 좌표를 그리고,
좌표에 위치한 별과 은하수를 새겨 넣었어요.
별이 뜨고 지는 것을 시간과 계절에 맞추어
볼 수 있지요.

혼천의

혼의 또는 선기옥형이라고 해요.
천체의 운행과 위치를 관측하는 장치로,
구조가 복잡하여 하늘의 별을
관측하기에는 불편했답니다.

복잡한 구조를 가진 혼천의에서
일부만 떼어 냄으로써
편리성을 높였지요.

간의

일성정시의

낮에는 해를 관측하고, 밤에는 별을 관측하여
시각을 재는 천문시계예요.
우리나라에서 처음 만들어졌답니다.

소간의

이동하며 관측할 수 있도록
간의를 작게 변형한 것으로,
우리나라에서 최초로
만들어진 관측기예요.

천평일구

시반면의 중심을 지나는 실이 만드는 그림자로
시각을 측정하는 해시계예요. 말을 타고 가면서도
시각을 볼 수 있었을 만큼 그 모양이 간단하지요.

규표

수직으로 세운
긴 막대가 만드는
해의 그림자의 길이를
땅 위에 눕혀 놓은
막대로 재는 방법으로
1년의 길이와
24절기를 측정해요.
인류의 가장 오래된
시각 측정 장치랍니다.

현주일구

남북을 잇는 가는 줄에 추를 달아 팽팽하게 당기면
시반면에 이 줄의 그림자가 생기는데,
이 그림자로 시각을 알 수 있어요.

정남일구

세종 때 만들어진 다른 해시계보다 구조가 복잡해요.
이슬람 문화의 영향을 받은 것으로,
규형의 구멍을 통과한 태양 광선이 시반면에
닿을 때 시각을 읽으면 시각과 절기를 알 수 있어요.

표준시

앙부일구가 정확한 시각을 가리키는지 박물관 안에서는 확인할 수 없어요. 조명 때문에 바늘이 가리키는 시각이 고정돼 있거든요. 경복궁 사정전으로 가 시각을 알아보지요.

경복궁 사정전 계단 옆에 있는 앙부일구로 직접 시각을 확인해 볼 수 있었어요.

🧑 "현재 우리가 쓰는 시각은 영국 그리니치 천문대를 중심으로 하는 세계 표준시란다. 표준시가 어떻게 정해졌는지 알고 있니?"

👧 "네. 『수학이 살아 있다』 1편에서 봤어요."

🧑 "표준시 정도야 제가 설명을 드리죠. 지구를 한 바퀴 돌면 360도인데 이걸 하루 24시간으로 나누면 한 시간은 15도를 차지해요. 표준시는 지구 전체를 24시간으로 똑같이 쪼개서 정한 시각이에요. 그런데 우리나라는 서울을 기준으로 동경 127도 지점에 위치해 있어요. 그리니치 천문대에서 15도씩 나누면 중국 베이징이 120도, 일본 도쿄가 135도인데, 그중 우리나라는 일본 도쿄의 표준시인 135도를 따르게 된 것 같아요."

🧑 "좋아. 또 한 가지 주의할 점이 있는데 지구 전체를 24시간으로 나눠서 구분했다는 것은 이해하면서도 어디가 빠르고 어디가 늦는지에 대해서는 헷갈리는 경우가 많아."

🧑 "네. 저도 그 부분이 항상 걸려서 그냥 우리나라는 그리니치 천문대보다 9시간 빠르다는 걸 외우고 있어요. 그리고 이모가 사는 미국 로스앤젤레스는 그리니치 천문대보다 8시간이 느려요. 그래서 결국 로스앤젤레스는 우리나라보다 17시간이 늦다고 외워 버렸어요."

👧 "저는 17시간을 빼는 게 시간 계산에서 쉽지가 않더라고요. 그래서 차라리 하루를 늦추고 7시간을 더해요. 예를 들면, 우리나라가 8월 1일 낮 12시면 로스앤젤레스는 하루 빼서 7월 31일이고 낮 12시에 7시간을 더해 저녁 7시라고 계산하면 맞아요. 그렇게 계산해서 지금 통화

를 할 수 있는 시각인지 판단해요."

"누나, 그런데 8월 1일이면 서머타임이 적용되기 때문에 그보다 한 시간 빠른 저녁 8시야."

"맞다. 서머타임을 적용해야 하는구나."

"결국 어디가 빠르고 어디가 늦는지에 대해서는 아직 헷갈린다는 거지? 그걸 내가 직접 설명해 주면, 그건 너희가 스스로 사고하고 이해한 게 아니라서 언젠가는 또 헷갈리게 마련이야. 그래서 '자기주도'라고 하는 건 가급적 철저히 남의 도움 없이 스스로 생각해 내는 걸 말해. 힌트를 하나 줄게. 표준시를 결정하는 기준을 생각해 봐."

"그거야 해가 뜨고 지는 거죠."

"저도 그렇게 생각해요."

"그럼 거기서부터 추론해 보자."

"해는 동쪽에서 뜨고 서쪽으로 진다 이 정도는 알겠는데 이걸 어떻게 이용해요?"

"저는 지도를 보니 조금 알 것 같아요. 가까이 일본과 우리나라를 보면 일본이 우리 동해 바다 건너에 있잖아요."

"해가 동쪽에서 뜬다는 사실에서 동쪽 시간이 빠르다는 걸 생각할 수 있어요. 우리나라가 그리니치 천문대가 있는 영국보다 동쪽에 있기 때문에 우리나라에 해가 뜰 때 영국은 아직 깜깜한 밤이고 우리나라에서 뜬 해가 점점 서쪽으로 가면서 중국을 거쳐 중동 지방, 그리고 영국으로 가는 거니까 동쪽이 시간이 빠른 거네요."

"잠깐만요. 미국 로스앤젤레스를 기준으로 생각하면 거기서 뜬 해가 태평양을 건너 일본으로 오고, 일본을 지나면 다시 동해 바다를 건너 우리나라로 오는 것인데 왜 우리보다 시간이 느려요?"

"맞아. 미국에서 해가 먼저 뜨는데 왜 느리지?"

"그리고 보니 표준시를 정한 사람들이 뭔가 실수를 한 것 같은데. 하 하하."

"그럴 리가요."

"이상하다. 로스앤젤레스가 우리나라보다 17시간이나 늦다고 했는데 왜 우리나라보다 해가 먼저 뜬담?"

"또 이상한 게 있어요. 사실 우리나라가 영국보다 9시간이 빠르다고 했는데, 가만 생각해 보니 그리니치 천문대 위에 뜬 해가 다시 미국을 돌아 우리나라로 오잖아요. 그러면 우리나라가 영국보다 늦어야 해 요. 아니, 더 놀라운 사실을 생각해 냈어요. 중국이 우리나라보다 늦 다고 생각하는 것도 이상해요. 베이징에 뜬 해가 유럽을 거쳐 미국을 돌아 다시 우리나라로 오잖아요."

"아하, 모든 건 상대적이니까 그리니치 천문대라는 기준이 필요했던 건가 봐요. 그리고 보니 이거 『수학이 살아 있다』 1편에서 고민했던 내용인데, 그사이 또 잊고 있었네요. 책을 그냥 읽기만 하거나 선생님 설명만으로는 충분히 이해하기 어렵다는 사실을 또 한 번 깨닫는 순 간이에요."

"그래서 날짜 변경선이 있나 봐요. 그리니치 천문대가 0이고, 거기서부터 동쪽으로는 시간이 빨라지게, 그리고 서쪽으로는 시간이 느려지게 만든 거예요. 그 두 움직임이 만나는 지점이 그리니치 천문대의 정반대쪽에 있는 날짜 변경선을 만들어 냈어요."

"그런데 지도에서 보면 날짜 변경선이 직선이 아니고 구불구불해요."

"누나, 그 정도는 인터넷에 다 나와 있어. 여기, 날짜변경선이 직선이 아닌 이유는 섬이나 지역 또는 나라마다 혼란을 주지 않기 위해 통일을 했기 때문이라고 나와 있네. 그런데 박사님, 이게 무슨 뜻인가요?"

"아, 나 알 것 같아. 내가 설명해 줄게. 예를 들어 위쪽을 보면 러시아 오른쪽 땅 끝 부분이 걸려 있는데, 만약 직선으로 중간을 자르면 같은 나라 바로 이웃이 서로 하루가 달라지는 일이 벌어져 혼란이 생길 우려가 있다는 거지."

"아하, 섬나라들이 한 섬은 이쪽에, 한 섬은 저쪽에 속하게 되면 방송이 헷갈리겠네. 뉴스 앵커가 "여러분 안녕하십니까? 벌써 8월입니다. 아니 저쪽 섬은 7월 31입니다. 죄송합니다"라고 하는 일이 비일비재하게 벌어질 거야."

해시계 읽기

표준시 때문에 잠시 고민이 컸습니다. 다시 본론으로 돌아와, 해시계가 잘 맞는지 확인해 보지요.

😎 "박사님, 제가 한 번 읽어 볼게요. 지금 낮 12시인데, 그림자 끝을 보니 아직 오시의 정중앙에 오지 않았어요."

🙂 "옛날 것이라 지금과 오차가 있나 봐요."

😊 "우리 조상들의 과학기술이 그렇게 허술할 리 없지. 해시계의 정확성은 외국인들도 모두 인정하는 부분이야."

😎 "그런데 지금은 낮 12시가 분명한데 이 바늘 끝은 12시보다 많이 모자라요."

😊 "박사님이 맞다고 하시는 데는 분명 이유가 있을 거야. 음, 일단 인터

넷을 좀 뒤져 보자. 표준시라는 것이 언제부터 시작되었는지."

"여기, 찾았어. 표준시는 19세기 후반부터 논의되었고 실제로 전 세계가 이용한 건 100년 정도래. 그런데 이게 왜 필요해?"

"우리나라가 해시계를 만든 게 조선시대 세종대왕 때라고 하면 이 시기에는 표준시가 없었잖아. 그러니까 지금 시계하고 조선시대 해시계는 같을 수가 없는 거야."

"지금 우리나라 표준시는 일본 도쿄의 135도를 기준으로 맞춰 놓은 것이니 실제 우리나라와 차이가 있다는 얘기구나. 그러니 해시계는 지금 낮 12시가 아닌 게 당연하지. 그럼 낮 12시보다 빨라야 되는 거야, 늦어야 하는 거야?"

"나도 그걸 고민 중이야. 지금 낮 12시는 해시계로 말하면 일본 도쿄라고 보면 되는 거니까 그걸 기준으로 생각해 보자."

"아까 늦고 빠른 것에 대해 정리했잖아. 내가 분명히 이해했으니까 내 말을 듣고 누나가 이해되는지 봐봐. 일본은 우리보다 동쪽에 있으니까 우리보다 시간이 빠른 나라야. 지금 낮 12시는 도쿄가 낮 12시라는 얘기고, 우리나라는 그보다 늦어야 하니까 우리나라는 아직 낮 12시가 안 된 게 맞아. 해시계가 지금 잘 맞고 있는 거네."

"그렇구나. 맞다. 그럼 늦은 건 맞고, 시간과 분이 정확히 맞는지도 확인해 보자. 서울은 동경 127도, 도쿄는 동경 135도니까 8도 차이가 나는데, 이걸 시간으로 바꿔 보자."

"내가 해볼게. 15도가 한 시간 차이 나는 거니까 15도를 60분으로 생각하면 8도는 몇 분일까. 비율 문제네. 15도가 한 시간, 즉 60분이니까 1도는 4분이라는 것을 이용하면 8도는 32분이야. 서울이 도쿄보다 32분이 늦어야 맞아."

"그럼 지금 서울이 11시 28분이면 맞는 거네. 해시계를 보자. 그림자 끝이 가리키는 위치를 보니까 오시 여덟 개의 선 중 두 번째 선에 거의 맞닿아 있어. 11시 30분이 조금 못되는 시각, 그러니까 11시 28분 정도 돼. 와, 정확해."

"그럼 그렇지. 우리 조상들의 과학기술이 이 정도니 그 우수성을 인정받는 거 아니겠어."

"완벽한걸. 당시 서울의 해시계는 서울을 지나는 동경 127도에 태양이 남중하는 시각을 정오로 정해서 만든 거야. 그런데 지금 우리가 쓰는 시계는 동경 135도를 기준으로 정한 거니까 지금의 시각과 해시계가 가리키는 시각에는 차이가 있지. 그리고 그 시각은 간단하게는 32분 차이가 나지만 계절에 따라서는 다소 오차가 있다는 것도 알아두면 좋겠다."

옛 시계의 시간 단위

지금 우리가 쓰는 시계는 하루를 24시간으로 나누고, 12시간으로 표시하지요. 그런데 세종 때 만든 시계의 시간 단위는 조금 달랐어요. 지금의 시계는 서양 천문학의 영향을 받아서 만들어졌거든요. 그때와 지금이 어떻게 다른지를 알면 기준에 따라서 시간은 얼마든지 다르게 바꾸어 사용할 수 있음을 알게 된답니다. 서양에서는 프랑스 혁명기에 만들어진 미터법에서 시간을 60진법이 아닌 10진법에 따라 바꿔 사용한 적이 있어요.

😊 "지금 우리는 하루를 24시간으로, 한 시간을 60분으로 하는 시계를 사용하고 있는데, 이건 서양에서 들어온 거야."

😊 "그럼 그 전에는 어떤 시계를 사용했어요?"

😊 "앙부일구에서 봤듯이 세종 시대에는 하루를 12시간으로 나눴고, 좀 더 세분화된 단위로 100각을 사용했어. 즉, 하루를 100각으로 나누고 1각을 6분으로 정한 거지."

옛날 시간(시)	현재 시간(시)	옛날 시간(시)	현재 시간(시)
자(子)	23~1	오(午)	11~13
축(丑)	1~3	미(未)	13~15
인(寅)	3~5	신(申)	15~17
묘(卯)	5~7	유(酉)	17~19
진(辰)	7~9	술(戌)	19~21
사(巳)	9~11	해(亥)	21~23

"전혀 다른 단위를 사용했네요. 12시가 사실상 오늘날의 24시와 다를 바 없다는 건 알아요. 매시를 초(初)와 정(正)으로 나눴으니까요. 밤 11시에서 새벽 1시까지의 자시(子時)를 자초(子初)와 자정(子正)으로 나누면 자초는 밤 11시, 자정은 밤 12시가 되잖아요."

"그런데 100각이라는 단위와 또 1각이 6분이라는 단위는 이상해요. 하루가 100각이고 1각이 6분이라면 하루가 600분이라는 거잖아요. 지금은 하루가 24시간이고 한 시간이 60분이니 하루가 1,440분인데 그 반도 안 되는 600분을 하루로 쳤다면 낮에 해가 떠 있는데 시간은 다음 날이라고 하게 되는 것이잖아요."

"맞아. 타당한 지적이야. 너희를 혼란스럽게 한 것은 다름 아닌 1각이 6분이라는 사실이지. 그런데 이 당시 분(分)이라고 하는 단위는 지금의 분(分)과 똑같은 한자어를 사용하기는 했지만 길이가 달랐어. 당시의 600분은 지금의 1,440분과 같은 길이야. 그러니까 당시의 1분은 지금의 1분보다 2.4배 길었지. 지금부터 우리는 타임머신을 타고 조선시대 초기로 돌아가야 해."

"네, 알겠어요. 그러니까 분이라는 이름은 같지만 다른 길이를 가진 것이라 인정하고, 지금부터는 2.4배 긴 분을 사용합니다."

"이상해요. 12시든 24시든 100하고는 어울리지 않잖아요."

"어울리지 않다니 무슨 뜻이야?"

"100각이 하루고 12시간이 하루라면 한 시간이 몇 각인지를 구해 보려는데, 나누어떨어지지가 않아. 100을 12로 나누면 $8\frac{1}{3}$이고, 24로 나누면 그 절반인 $4\frac{1}{6}$이 나오니, 복잡하잖아. 어쩌다가 이런 식으로 단위를 정했을까?"

"그렇네. 나는 나눠 보지는 않아서 100각이 간단하고 편리한 수라고만 생각했는데, 시간하고 같이 생각하려니 분수가 나와 버리는구나. 그것도 소수점 아래로 수가 무한히 반복되는 수야."

"음, 거기에 대해서는 앞으로 다시 생각해 볼 기회가 있을 거야. 지금은 조선시대로 돌아가 생각해 보자. 하루를 24시간으로 생각할 때 한 시간은 몇 분일까?"

"당연히 60분이죠."

"아니에요. 한 시간이 $4\frac{1}{6}$각이고, 1각이 6분이니까 4각은 24분, $\frac{1}{6}$각은 1분, 한 시간은 25분이에요."

"25분 만에 한 시간이 지나면 하루가 후딱 지나가겠네?"

"아까 얘기했잖아. 당시의 분과 지금의 분은 이름이 같지만 실제 길이는 2.4배 차이가 난다고."

"$4\frac{1}{6}$각에서 분수 부분인 $\frac{1}{6}$각은 소각이라고 불렀어. 1각은 대각이고. 그러니까 한 시를 2등분한 초와 정은 각각 대각 네 개와 소각 한 개의 길이로 정해져. 이때 소각은 매시 초와 정의 끝에 붙여서 썼어. 다시 정리해 보면, 매시는 초와 정으로 나뉘어. 그래서 초는 초초각, 초1각, 초2각, 초3각, 초4각이 되고, 정은 정초각, 정1각, 정2각, 정3각, 정4각이 되는데, 초초각부터 초3각, 정초각부터 정3각은 대각이니까 각각 6분이고 끝에 붙은 초4각과 정4각은 소각이니까 각각 1분인 거야."

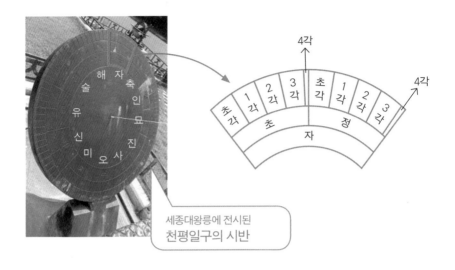

세종대왕릉에 전시된
천평일구의 시반

"지금 생각으로는 복잡해 보이는데, 그래도 당시 이런 기준을 정해 사용했다는 건 참 신기해요. 그럼 언제부터 시간 단위가 지금과 같아졌어요?"

"세종 시대의 하루 100각법은 서양의 영향을 받으면서 바뀌기 시작해. 지금 남아 있는 앙부일구는 세종 시대에 만들어진 게 아니고 모두 서양의 영향을 받은 시간의 길이를 기준으로 만들어졌어. 1653년에 서양식 천문법인 시헌력이 도입되었거든. 시헌력에는 시간의 길이가 이전과 다른 방법으로 계산돼 있어. 하루를 12시간으로 나눈 건 같고, 매시를 초와 정으로 나눈 것도 같은데, 하루가 100각이 아니라 96각이야. 1각도 15분이고. 그럼, 나머지 정리는 너희가 해봐."

"네, 그럴게요. 하루가 96각이고 1각이 15분이면, 96각÷12시는 8각, 96각÷24시는 4각이에요. 매시의 시간 길이는 8각이고, 매시 초와 정의 시간 길이는 4각이라는 거지요. 그러므로 매시의 정과 초는 모두 똑같이 15분씩 초각, 1각, 2각, 3각으로 나뉘고, 매시의 초와 정은 각각 60분이 되어 지금과 같은 단위가 돼요."

"그렇지. 서양의 영향을 받아 고친 시간이 지금까지 전 세계에서 공통으로 사용하는 시간임을 알 수 있어. 그래서 서양의 영향을 받은 이후의 96각법은 현재 시각으로 정확히 바꿀 수 있지. 확인해 볼까? 자시 정2각 5분은 현재 시각으로 몇 시 몇 분일까?"

"제가 해볼게요. 자시는 오후 11시에서 새벽 1시에 해당하는 시간인데, 정초각이면 지금의 오전 12시에서 12시 15분이에요. 그다음 정1각이 오전 12시 15분에서 12시 30분이니, 정2각은 오전 12시 30분에서 12시 45분이고, 따라서 자시 정2각 5분은 오전 12시 35분을 가리킵니다."

"저는 초각하고 1각하고 헷갈려서 잘못 생각했어요. 초각이 있다는 걸 기억하고 있어야 하는데 1각을 항상 처음으로 생각하게 되니 지금도 2각을 12시 15분에서 12시 30분인 걸로 생각했어요. 누나 설명을 들으면서 제 실수를 알아챘어요."

"나도 그 부분이 맘에 들지 않아. 한자를 쓰는 시기니 초라는 말의 의미는 알겠지만 1이라는 것도 시작을 알리는 숫자잖아."

"조금 엉뚱한 상상이지만, 초는 1 이전의 0을 뜻하는 게 아닐까요? 시각도 1시부터 시작하는 게 아니라 12시, 그러니까 0시부터 시작하고, 한 시간이 지나야 1시가 되잖아요. 그렇게 생각하면 1각은 처음부터 바로 1각이 아니고 0각, 곧 초각부터 시작해서 15분이 지나 1각이 되는 게 일리가 있어요."

"와, 그건 상상하지 못한 건데, 얘기를 듣고 보니, 우리 조상들이 아무렴 초와 1을 혼동하지는 않았을 것 같고, 초가 1과 겹치는 수가 아니라 0이라는 의미를 가진 표현인 게 분명해 보인다. 공부하고 알아봐야 할 게 더욱 많아지네. 즐겁다. 공부할 게 생겨서."

"안 돼요, 박사님. 공부할 게 생기고, 많아진다는 건 우리가 더 힘들어진다는 뜻이잖아요."

물을 흘려 시각을 재다

지금 우리는 언제 어디서나 정확한 시각을 알 수 있어요. 곳곳에 시계가 걸려 있고, 핸드폰에도 정확한 시각이 뜨니까요. 그렇다면 과학이 발달하기 전에 만들어진 시계도 밤낮 언제나 사용할 수 있었을까요?

옛날에는 밤과 낮에 따라 서로 다른 시계를 사용했어요. 해시계는 낮에만 사용했고, 별의 움직임을 이용하는 시계는 밤에 사용했지요. 이러한 시계는 모두 하늘에 떠 있는 해와 별을 이용했기 때문에 날씨의 영향을 받았어요. 즉, 앙부일구와 같은 해시계는 낮에 해가 떠 있을 때만 사용할 수 있었고, 밤이 되어 별을 이용해 시각을 잴 때도 마찬가지였어요. 구름이 있거나 흐린 날에는 해시계도 천문관측기구도 사용할 수 없었어요. 그러면 어떻게 해야 날씨와 상관없이 정확한 시각을 알 수 있었을까요?

선조들은 물시계인 자격루를 이용했답니다. 물시계가 세종 때 처음 만들어진 것은 아니었어요. 그 이전부터 있었지요. 『삼국사기』에 신라 성덕왕과 경덕왕 때 물시계인 누각(漏刻)을 만들고 관리하는 누각박사를 둔 기록이 있답니다.

세종 때의 물시계는 정확한 시각을 재도록 만들어졌어요. 텔레비전 드라마 「장영실」을 보면 어떻게 물시계를 만들었는지 알 수 있어요. 세종은 장영실을 시켜 물시계 두 개를 만들었어요. 그중 세종이 애용한 물시계는 그 이름을 옥루라 지어 흠경각에 설치했고, 또 하나는 경회루 남쪽 보루각에 설치했어요. 이게 자격루였지요.

세종 이전까지의 물시계는 시각을 자동적으로 알려 주지 않았어요. 그런데 자격루는 물을 흘려보내 일정 시각이 되면 누구나 시각을 알 수 있게 했어요. 사람이 관리하지만 시각을 알려 주는 장치가 있었기 때문에 가능했지요. 소리만 들어도 시각을 알 수 있었어요. 시각을 알려 주는 인형도 있었고요.

자동 시계 장치, 자격루

자격루를 볼 수 있는 곳은 국립고궁박물관과 서울역사박물관이에요. 서울역사박물관의 자격루는 한쪽 벽에 붙어 있어 자세히 보기가 어렵고, 국립고궁박물관에서는 사방으로 돌아가며 생김새와 구조를 볼 수 있어요.

크고 높아서 한눈에 보기 어려울 것 같지만, 천상열차분야지도가 전시된 공간에 서면 유리를 통해 아래층을 볼 수 있어요. 자격루 앞 안내문에 자격루가 울리는 시각이 명기되어 있으니 소리를 직접 들어 볼 수도 있어요.

전시실 안쪽 벽을 보면 두 개의 나무 궤가 있어요. 유리창이 있어 자격루 내부 모습을 볼 수 있지요. 한쪽 궤에서는 구슬이 이동하는 모습을 볼 수 있고, 다른 궤는 시각을 알려 주는 나무 인물상이 들어 있는 곳을 보여 줍니다. 또 나무 상자 옆으로 모니터가 있어 자격루가 어떤 원리로 시각을 재고, 사람들에게 알려 주는지를 보여 주지요.

시각을 자동으로 알려 주는 자격루는 두 부분으로 되어 있어요. 하나는

스스로 소리를 내 시각을 알려 주는
자격루

시각을 재는 부분이고, 또 하나는 시각을 알려 주는 부분이에요. 자격루를 볼 때 왼쪽 물통 있는 부분이 시각을 재는 부분이고, 오른쪽 인형 있는 부분이 시각을 알려 주는 부분이지요. 두 부분이 연결되어 자동으로 시각을 알려 줍니다.

즉, 시각을 재는 부분에는 물을 담아 흘려보내는 항아리가 네 개, 물을 받는 항아리가 두 개 있어요. 물을 흘려보내는 항아리 중 하나는 아랫부분에 있어서 위에서 보면 세 개만 보이지요. 물을 받는 항아리에 일정한 높이로 물이 차오르면 항아리에 세운 나무틀(방목) 안에서 잣대가 올라오며 작은 구슬을 밀어 떨어뜨리고 구슬이 상자 내부로 굴러 들어가 큰 구슬을 밀쳐 떨어뜨리면 상자 위쪽의 인형이 종, 북, 징을 울려서 시각을 알려 줘요.

시각을 알리는 기준은 다음과 같아요. 하루 중 12시까지는 매시에 종이 울려요. 그리고 시각 표시를 든 열두 개 인형이 차례로 돌면서 자시부터 해시까지 알려 주지요. 밤에는 시각에 따라 북과 징을 같이 치거나 징만 쳐서 시각을 알렸어요. 그런데 자격루가 알려 주는 밤의 시간은 우리가 알고 있는 밤 시간과 그 기준이 달랐답니다.

시각을 알려 주는
12지신 나무 인형

하루는 낮과 밤으로 나뉘어요. 지금 우리는 하루를 24시간으로 나누어 쓰고 있어요. 그런데 조선시대에는 하루를 자시부터 해시까지 12시간으로 나누었어요. 그리고 낮 시간의 길이를 여기 맞추어 나누었지요. 앙부일구에 낮 시간이 묘시부터 유시까지 표시되어 있어요. 그리고 밤 시간은 길이와 관계없이, 해가 지는 시간(일몰)부터 해가 뜨는 시간(일출)까지를 다섯 경으로 나누고, 각 경을 다시 다섯 점으로 나누었어요. 그런데 계절에 따라 낮과 밤의 길이는 달라지지요. 하지 때 밤의 길이는 현재 기준으로 9시간 25분이고, 동지 때 밤의 길이는 14시간 26분이기 때문에 하지 때와 동지 때 1경의 시간 길이는 약 한 시간의 차이를 지녔답니다.

자격루의 구조

① 파수호
② 수수호
③ 방목
④ 광판
⑤ 북, 징을 치는 인형
⑥ 종을 치는 인형
⑦ 12지신 인형

① 파수호

대파수호

중파수호

소파수호

물의 일정한 흐름을 이용하여 시각을 재는 부분입니다. 대파수호, 중파수호, 소파수호를 지나 수수호까지 물을 흘려보내 시각을 알아내지요.

② 수수호

가. 파수호에서 나온 물은
   수수호로 흘러 들어가지요.

나. 수수호 내부에는
   부전과 잣대가 있어요.
   수수호 내부에 물이 차올라
   일정 시각에 이르면
   부전 위의 잣대가 떠올라
   수수호 위쪽 방목 안의
   작은 구슬을 떨어뜨립니다.

③ 방목

방목의 사각기둥 한 면에는 구멍 열두 개에
열두 개의 작은 구슬이 설치되어 있고, 또 다른 면에는
구멍 스물다섯 개에 스물다섯 개의 작은 구슬이 설치되어 있어
각각 하루 12시간과 밤 시간인 다섯 경 다섯 점을 알립니다.

④ 광판

가. 방목에서 떨어진 구슬은 광판을 지나 동통으로 들어갑니다.
　동통은 하루 12시간을 알리는 인형을 움직이는 동통과 밤의 경점 시각을
　알리는 동통 두 가지예요. 12시간을 알리는 동통에는 구멍이 열두 개,
　경점 시각을 알리는 동통에는 구멍이 스물다섯 개 있고, 구슬이 지나가면
　구멍이 저절로 닫혀 다음 구슬이 지나갈 수 있게 되지요.

나. 동통에서 빠져나온 구슬은 숟가락으로 굴러갑니다.
구슬의 무게 때문에 숟가락 부분이 내려가고 손잡이 부분이 올라가면
손잡이에 막혀 있던 큰 쇠구슬이 굴러가 종, 북, 징을 울리고
12지신 인형을 움직여 경점 시각과 12시간을 알려 줍니다.

⑤ 북, 징을 치는 인형

밤이 되어 매경과 초점에는
북과 징이 같이 울리고,
2점부터 5점까지는 징만
울려서 시각을 알렸답니다.

⑥ 종을 치는 인형

하루 중 자시부터 해시까지는
종이 울립니다.

⑦ 12지신 인형

시간 표지판을 든 인형이 자시부터 해시까지 매시에 나타나지요.

모든 백성에게 시각을 알리다

시각을 재고 나서 백성들에게 어떻게 알려 주었을까요? 지금은 누구나 시계, 핸드폰을 통해 정확한 시각을 알 수 있지만 조선시대에는 시계가 귀했어요. 일반 백성들이 시각을 정확히 알고 생활하는 건 불가능했지요. 그들은 자연의 시간에 맞추어 살아야 했어요. 하지만 세종은 한양에 사는 모든 백성에게 자격루에서 잰 시각을 알리고 그것에 맞추어 생활하게 했답니다.

백성들에게 시각을 알려 주는 순서는 다음과 같았어요.

① 자격루의 시각을 알려 주는 인형이 치는 징소리, 종소리와 북소리가
   들리면
② 이를 광화문을 거쳐 종루에 전달한다.
③ 북과 종을 쳐서 모든 백성에게 시각을 알린다.

이렇게 알게 된 시각은 한양에 사는 백성들의 기준이 되었지요. 한양 도
성 문을 열고 닫는 것도 자격루에서 알리는 시각을 기준으로 삼았어요.

서양의 물결이 밀려들다

조선에 서양의 천문학이 소개되자 그림자를 이용해 시각을 재는 해시
계에도 그 영향이 미쳤어요. 국립고궁박물관 지하 1층에 네 개의 해시계가
있는데, 모두가 돌 위에 새겨진 평면 해시계예요.

"앙부일구는 구 모양의 곡면이었는데, 여기 있는 해시계들은 평면이
에요. 간단히 만들 수 있을 것 같은데요?"

"아무래도 곡면보다는 평면이 만들기 간단하겠지. 평면 해시계 만드
는 원리를 설명해 줄게. 먼저 평면에 원을 그리고, 원의 중심에서 일

정한 간격으로 원주까지 반지름을 그어. 지금 우리가 이용하는 아날로그시계처럼 원둘레를 열두 개로 나누어 시를 적고, 분까지 표시하는 거야. 여기까지가 시각을 표시한 시반(時盤)이라는 부분을 만드는 과정이야. 그리고 원의 중심에 끝이 뾰족한 바늘을 꽂아 해 그림자를 표시하는 거야. 해시계는 앙부일구와 마찬가지로 해가 있는 낮 시간에만 시각을 알 수 있으니까 묘시부터 유시까지만 그려 넣으면 돼. 이렇게 해시계가 완성되면 이제 해 그림자가 가리키는 방향을 읽어 시각을 알아낼 수 있어."

돌멩이 열두 개와 젓가락을 이용하여 국립고궁박물관 미당에 해시계를 만들어 보았어요

"생각보다 간단하네요. 저도 만들 수 있을 것 같아요."

"그럼! 누구라도 이런 원리를 적용하면 자기의 해시계를 만들어 사용할 수 있지."

국립고궁박물관에 전시된 돌 위의 해시계는 모두 서양의 영향을 받아 만들어진 것이에요. 그런데 보물 제839호인 평면 해시계 신법지평일구는 우리가 만든 게 아니에요. 명나라에 온 서양 선교사 요한 아담 샬과 야곱

로가 고안한 것을 1636년 베이징에서 만든 건데, 이걸 소현세자가 1645년에 가지고 왔어요.

보물 제840호인 평면 해시계는 1713년에서 1730년 사이, 숙종과 영조 시대에 만들어진 신법지평일구예요. 관상감에서 검은 돌에 곡선을 그려 만든 것인데, 윗면에 '신법지평일구', 옆면에 '한양북극출지 삼십칠도 삼십구분'이라고 새겨져 있지요. 이 말은 한양의 북극고도가 37도 39분이라는 뜻인데, 이는 지금 서울의 위도와 거의 같아요.

평면 해시계 신법지평일구
(보물 제840호)

세 번째 평면 해시계는 보물 제841호예요. 1785년 정조 9년에 관상감에서 만들었지요. 검은색 돌로 만들어졌는데, 넷 중 가장 커요. 그리고 다른

간평일구

혼개일구

국립고궁박물관 소장 보물 제841호
간평일구 · 혼개일구

해시계와 다른 점이 하나 있어
요. 서로 다른 모양의 시반면
이 위아래로 그려져 있다는 점
이에요. 위의 것을 '간평일구',
아래 것을 '혼개일구'라 부르
고, 둘을 합하여 '간평혼개일
구'라고 불러요.

지금까지 살펴본 세 개의
평면 해시계에는 절기선과 시
각선이 앙부일구와는 다르게
그어져 있어요.(오른쪽 그림)

지평일구는 1881년 고종 18
년에 강윤이 만든 것인데, 평
면 위에 낮 동안의 시각을 눈
금으로 새긴 것은 보통 해시
계와 같아요. 그런데 그림자를
만드는 데 있어 끝이 뾰족한
바늘 대신 삼각형의 영표를 썼
어요. 영표의 그림자 끝이 만
나는 부분을 읽고 시각을 아는
것이지요.

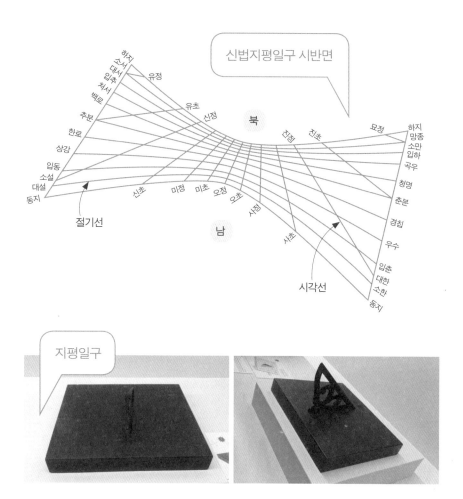

신법지평일구 시반면

지평일구

지금까지 시간 단위 및 시계의 역사와 변화 과정을 알아봤어요. 우리 조상의 자랑스러운 능력을 새삼 확인할 수 있었지요. '박물관 가는 길'에서는 어디에나 붙어 있는 바코드를 유심히 살피는 시간을 가져 보겠습니다.

바코드의 비밀

"배고파요. 마트에 들러서 뭐 좀 사 먹고 가요."

"좋은 생각이야."

"박사님, 여기 물건마다 막대 같은 줄이 있고, 그 밑에 숫자가 써 있 잖아요. 이걸 뭐라고 하던데… 아무튼 여기에 무슨 규칙이 있는 거예 요?"

"아, 그거 바코드야. 와, 보통은 그냥 아무 생각 없이 넘어가는데 레오 가 이제 수학적으로 민감해지기 시작했네."

"저도 사실은 궁금했어요. 물건마다 숫자가 다 다르거든요. 막대의 굵 기도 다르고. 계산할 때 바코드를 기계에 읽히는 걸 보면 거기에 무슨 정보가 들어 있는 것도 같아요."

"아, 맞아요. 계산대에서 바코드를 기계에 대면 삑 소리가 나면서 계 산이 되잖아요."

"맞아. 바코드는 물건을 컴퓨터가 판독할 수 있도록 고안된 코드고, 굵기가 다른 검은색과 흰색 막대를 조합시켜서 만들어. 주로 제품의 포장지에 인쇄되지. 막대 아래 숫자가 몇 자리인지 혹시 세어 본 적 있어?"

"잠깐만요. 지금 세어 볼게요. 하나, 둘, 셋, 넷, …, 열둘, 열셋. 이건 열셋이고, 다른 것도 세어 볼게요… 이것도 열셋이네요. 모두 열세 자리인 거예요?"

"제가 가지고 있는 것도 모두 열세 자리예요."

"그래. 모든 바코드는 열세 자리야. 처음 세 자리는 물건이 만들어진 국가를 나타내는데, 우리나라 제품은 모두 880이야. 다음 네 자리는 만든 회사, 그다음 다섯 자리는 상품의 번호를 나타내고. 마지막 열세 번째 자리 수는 앞의 열두 개 숫자가 맞게 표시되었는지 확인하는 체크 숫자야."

"체크 숫자로 앞의 열두 자리가 맞았는지 확인한다고요? 어떻게요?"

"체크 숫자를 정하는 규칙이 있거든."

> (홀수 번째 자리의 수의 합)＋(짝수 번째 자리의 수의 합)×3＋(체크 숫자)
> ＝(10의 배수)

"그럼 이 물건 바코드가 맞나 확인해 볼래요. 홀수 번째 자리의 수의 합은 $4+7+1+3+0+2=17$, 짝수 번째 자리의 수의 합은

5＋1＋9＋6＋1＋2＝24, 그러면
17＋24×3＋1＝90. 와, 딱 맞아떨어
졌다. 10의 배수가 나왔어요."

"내 것도 해볼래. 홀수 자리 수의 합은
4＋7＋1＋3＋0＋0＝15, 짝수 자리
는 5＋1＋9＋6＋0＋0＝21. 그러면
15＋21×3＋2＝80. 어, 나도 딱 맞아떨어졌다. 신기하다. 다른 것도
정말 확인하지 않아도 돼요?"

"그럼. 처음 만들 때부터 정한 규칙이니까 모든 물건의 바코드가 다
그런 규칙을 가졌거든. 그럼 너희가 직접 바코드의 마지막 체크 숫자
를 만들어 볼 수도 있겠지?"

"어떻게 우리가 만들어요. 그건 기계가 만드는 거잖아요."

"규칙이 있으니까 체크 숫자를 몰라도 우리가 만들면 될 것 같은데.
박사님, 문제 하나 내주세요."

"그래. 내가 이 물건의 끝자리만 가릴 테니까 맞혀 보렴.

"홀수 번째 자리의 수의 합은 8＋0＋0＋0＋0＋8은 16이고, 짝수 번

째 자리의 수의 합은 8＋9＋8＋2＋1＋2가 30이니까, 16＋30×3

하면 106인데? 이제 어떡하지?"

"나도 106 나왔어. 그럼 마지막 체크 숫자를 더해서 10의 배수가 되

는 거니까 체크 숫자는 4겠네."

"아, 4가 되면 합이 110이니까 10의 배수가 돼."

"둘 다 잘했어. 앞으로 바코드를 보면 그냥 넘어가지 말고 가끔 실제

로 계산해 보고 가짜가 아닌지 알아보는 활동을 해봐. 친구들 앞에서

은근히 아는 척도 한번 해보고."

다빈이의 일기

201X년 7월 22일 토요일

제목 : 우리 조상의 뛰어난 기술

　자격루는 정말 정밀하게 제작되었다. 거기에 종과 북, 그리고 징을 쳐서 시각을 알리기까지 한다. 오늘날 시계의 모든 장치를 보여 준다. 예쁜 인형은 그 효과를 더욱 극대화한다. 물을 흘려보내서 구슬을 움직이고, 그런 식으로 시간의 흐름을 정하기까지 정말 많은 시행착오를 겪었을 것이다. 그 옛날 어떻게 이런 발상을 했는지 생각할수록 우리 조상들의 위대한 아이디어에 존경심이 우러나온다.

　자격루가 물시계라면 앙부일구는 해시계다. 박사님을 따라 유럽으로 수학체험여행을 갔을 때 여기저기서 해시계를 많이 봤다. 독일 로텐부르크 성 안의 시 청사 건물 벽에서 봤고, 오스트리아 잘츠부르크 성에 올라갔을 때 성 안 건물 벽에 해시계가 붙어 있었고, 체코의 체스키 크룸로프 성의 조그만 건물 벽에도 해시계 있었다. 이건 모두 평면 해시계였다.

　우리 앙부일구는 공 모양, 그러니까 반구 모양으로 입체감 있게 만들어졌다는 데서 뛰어남을 자랑할 수 있다.

　우리나라가 그 크기는 비록 작지만 세계적으로 우수한 과학기술을 가지고 있었다는 자부심을 느낄 수 있어서 좋았다. 하지만 몇 년 전에는 신문이나 텔레비전 뉴스에서 이공계 기피 현상이 많이 다뤄졌다. 21세기는 제4차 산업혁명 시대라고도 하고, 지금도 지식정보사회를 벌써 넘어 지능정보사회에 들어섰다고들 하는데, 우리나라가 과학기술에 대한 투자를 게을리하면 어쩌나 걱정이 된다.

우수한 두뇌를 가진 조상들의 피를 이어받은 한민족으로서의 위상과 능력을 발휘해서 21세기 세계적인 발전에 뒤지지 않고 선도적인 위치에 섰으면 하는 바람이다.

같이 생각해 봐요

해시계와 오늘날의 시계는
어떻게 연결될까?
지능정보사회에 필요한
수학적 능력은 무엇일까?

律 黃鐘

呂 大呂 　半下生長　　全倍數重上生長

律 太簇 　　　　　　全倍數重上生長

呂 夾鐘 　半下生長

律 姑洗 　　　　　　全倍數重上生長

呂 仲呂 　半下生長

律 蕤賓

呂 林鐘

律 夷則

呂 南呂

律 無射

呂 應鐘

율관을 제작할 때 필요한 관의 길이의 비를 정리한 그림.
조선 성종 때 유자광 등이 만든 『악학궤범』 복각본에 수록되어 있다.

피타고라스와 어깨를 나란히 한 삼분손익법

05

초5-1
약수와 배수

교과 내비게이션

초5-1
분수의 곱셈

초5-2
여러 가지 단위

초6-2
비와 비율

중1
거듭제곱

중1
소수와 서로소

레오야, 피아노 연주회가
며칠 안 남았지?

응!

그런데 악보를 보면
반복되는 규칙이 있는 것 같아.

규칙?

요즘 레오 눈에는
숨어 있는 수학이
보이나 보네.

박사님,
음악 속에도
규칙, 아니
수학이 있나요?

수학?

음악은 리듬이고 박자지
무슨 수학이야?
음악은 즐기면 된다고!

왜 복잡한 걸 끌어들이려고 해?
아이고~ 골치야!

음악은 질서와 규칙이
있는 수학과 같아.
음악 속 수학을
만나러 가볼까?

수학으로
음률을
만들다

소리는 질서가 있으면 아름다운 음악이 되고, 무질서하면 소음이 되지요. 소리의 규칙을 알면 음악을 더 잘 이해할 수 있어요. 우리는 조상들이 만든 악기와 음악 속에서 수학적 질서와 규칙을 찾을 수 있답니다. 특히 궁중에서 연주하는 음악 속에는 엄격한 수학적 질서가 존재하지요. 음의 관계를 정할 때 수학의 덧셈, 뺄셈, 곱셈, 나눗셈이 사용되고, 조금 더 들어가면 분수와 소수, 비와 비율의 개념도 들어 있거든요. 지금은 복잡하게 들릴지라도 규칙을 알면 분명 감탄하게 될 거예요.

소리를 조화시킨다는 것은 음의 관계를 정하는 것이에요. 서양의 음계인 '도레미파솔라시'와 같이 중국에서는 12음률을 만들어 사용했어요. 중국의 진양이 지은 『진양악서』라는 음악책에 "옛 왕이 음악을 만드는 근본은 황종의 율에 있고, 소리의 근본은 기장을 쌓는 방법에 있다"는 말이 나오는데, 여기에는 놀라운 수학 규칙이 숨어 있답니다.

기장은 보통 우리가 잡곡밥에 넣어 먹는 곡식인데, 옛날 중국에서는 쌀보다 기장을 더 많이 먹었어요. 농업 기술이 부족했을 때 벼는 귀한 곡식이었고, 기장은 흔했거든요. 그런데 『진양악서』에서 흔한 곡식인 기장을 쌓는 방법에 소리의 근본이 있다고 했어요.

기장을 쌓는 방법에는 4~5밀리 되는 기장을 길쭉하게 세로로 포개는 종서법과 눕혀서 쌓는 횡서법이 있어요. 사람들은 여기서 길이를 나타내는 척(尺)을 정했어요. 중국 전설 속의 왕인 황제(黃帝) 때 완성된 척도 속 길이의 기준은 다음과 같아요.

"먼저 잘 익은 기장 가운데 중간 크기의 한 알을 종으로 세운 길이를 1푼이라고 하며, 종으로 아홉 알 쌓은 길이를 1치라고 한다. 아홉 알씩 아홉 번, 즉 여든한 알을 쌓아서 만든 길이를 1척으로 한다. 종서법은 1척은 9치, 1치는 9푼을 기준으로 한다."

황제의 척도 기준이 종서법이라면, 하나라 우왕의 기준은 횡서법이었어요. 횡서법은 기장 한 알을 가로로 눕힌 높이를 1푼으로, 기장 열 알을 가로로 눕힌 높이를 1치, 기장 100알을 가로로 눕힌 높이를 1척으로 했죠. 즉, 1척은 10치, 1치는 10푼이었어요.

종서법은 여든한 알, 횡서법은 100알이 1척을 만드는 기준이에요. 그런데 이 두 가지 방법에서 1척의 길이는 같아요. 여기에 12음률을 만드는 중요한 비밀이 숨어 있어요. 숫자로 살펴볼까요? 1, 9, 81은 3을 거듭해서 곱한 수, 1, 10, 100은 10을 거듭해서 곱한 수예요. 이 숫자들이 일상생활에서는 10진법인 횡서법을 따르고 악기의 음률을 맞추는 데는 3의 거듭제곱 원리를 이용한 종서법을 따르는 근거가 됩니다.

"종서법과 횡서법 두 가지 방법 중 어느 것으로 해도 1척의 길이가 같다는 사실에서 추론해 낼 수 있는 게 뭘까? 박사님, 종서법으로는 1치가 아홉 알이고 횡서법으로는 1치가 열 알이니까 기장 한 알의 길이와 폭의 비를 구할 수 있는 거죠?"

"그럼 기장 한 알의 길이와 폭의 비는 9 : 10이네."

"9 : 10이면 기장의 길이가 폭보다 짧다고? 이런….."

"그럼 반대로 10 : 9. 틀릴 수도 있지 뭐."

"박사님께서 결론을 낼 때는 신중하게 확인해야 한다고 여러 번 강조하셨잖아."

"그럼 이제 기장의 길이와 폭의 비가 $10:9$라는 것으로 결론 난 건가? 1척이 종서법으로 여든한 알, 횡서법으로는 100알이라는 기준에 대해서는 생각해 봤어?"

"또 틀린 거예요? 음… 1척의 길이가 같다고 했지 1치의 길이가 같다는 기준은 없네요. 그럼 기장의 길이와 폭의 비는 $81:100$, 아, 아니고 $100:81$이라고 할 수 있어요. 기장을 종서법으로 여든한 알 세우면 $81 \times 100 = 8100$, 횡서법으로 100알을 세우면 $100 \times 81 = 8100$. 기가 막히게 1척의 길이가 맞아떨어지네요."

"다빈이도 그렇게 생각해?"

"네, 그렇긴 한데… 박사님께서 다시 물어보시니 고민돼요. 확신이 부족한가 봐요. 하지만 다시 해봐도 종서법으로 하면 1치 아홉 알씩 아홉 번, 즉 여든한 알이 1척이고, 횡서법으로 하면 폭으로 1치 열 알씩 열 번, 즉 100알이 1척이니까 $100:81$이 맞아요."

"그래. 틀렸다는 걸 암시하려고 다시 물어본 게 아니라, 계산 결과를 믿지 말고 항상 한 번 더 반성하고 되돌아보라는 의미였어. $10:9$와 $100:81$은 언뜻 보면 같은 비라고 생각할 수 있지만 둘은 분명 차이가 있으니까."

수학이 만든 음률, 삼분손익법

중국과 우리나라의 전통 음계는 5음 12율이에요. 여기에는 '삼분손익법 (三分損益法)'이라는 수학 원리가 들어 있어요. 황제는 종서법을 기준으로 기장 여든한 알을 세워 만든 길이를 1척으로 정했어요. 이때 81을 황종수 라고 하는데, 이 황종수 81은 5음 12율을 만들어 내는 모든 수학적 계산의 시작점이에요. 81을 기준으로 $\frac{1}{3}$ 빼는 것이 삼분손일, $\frac{1}{3}$ 더하는 것이 삼 분익일이고, 이를 이용하여 다음 음률을 구하는 방법을 삼분손익법이라고 하지요. 사마천이 지은 역사서 『사기』의 「율서」에 5음이 만들어지는 원리 가 기록돼 있어요.

"5음은 나머지가 없이 나누어떨어지는 처음 다섯 개의 음을 말한다. '궁 상각치우'라고 한다. 계속해서 $\frac{1}{3}$ 을 더하고 빼는 과정을 반복해 가면 나머 지가 있는 음들이 나온다. 나머지가 있는 음들과 나머지가 없는 5음을 합 하여 5음 12율이라고 한다."

😀 "박사님! 삼분손익법에 대해서 듣고 싶어요."

😊 "음을 정할 때, 어떻게 더하고 빼는 사칙연산을 사용했는지 궁금해요."

😎 "81과 $\frac{1}{3}$ 은 무슨 관계가 있는 것으로 보여?"

😀 "81은 8＋1＝9, 9는 3의 배수예요."

😊 "그뿐만 아니라 81은 9×9니까 3을 네 번 곱하면 나와요. 제가 학교 에서 배운 방식으로 표현하자면 3의 네제곱, 기호로는 81＝3^4이라고

써요. 아, 3을 네 번 곱하면 81이 나오기 때문에 3으로 나누어떨어지겠네요."

"앞에서 공부한 것과 연결이 돼요. 기장 여든한 알을 1척으로 만든 도량형과 악기의 음을 맞추는 일이 맞아떨어지네요. 옛 어른들의 지혜를 느낄 수 있어요."

"너희 말이 맞아. 삼분손익법에서 '삼분'은 3으로 나눈다는 뜻이야. 그리고 '손'은 손해라는 의미니까 빼는 거고, '익'은 이익, 즉 더하는 것임을 생각해 봐. 그럼 3을 거듭 곱한 81을 기준으로 $\frac{1}{3}$을 빼고 더할 때 자연수가 계속해서 나올까?"

"해보면 되죠. 잠깐만 기다려 주세요."

$$81$$
$$81 - \frac{81}{3} = 54$$
$$54 + \frac{54}{3} = 72$$
$$72 - \frac{72}{3} = 48$$
$$48 + \frac{48}{3} = 64$$
$$64 - \frac{64}{3} = 42\frac{2}{3}$$

"으… 복잡해서 더는 못하겠어요. 궁상각치우라고 하는 5음이 나머지 없이 나누어떨어진다는 건 확인했어요. 그럼 나머지 음은 모두 분수인가요?"

"아, 그런데 처음 나온 81이 궁, 그다음 54가 상… 이런 식으로 이름을 붙이는 거예요?"

"그게 아니고 크기순이야. 그럼 81, 72, 64, 54, 48이 각각 궁상각치우
가 돼. 국악에서는 지금도 이 이름을 써. 수와 소리의 크기가 관계있
기 때문에 큰 수부터 작은 수 순서대로 이름을 붙인 거지. 수가 클수
록 낮은 음, 수가 작을수록 높은 음. 이런 식으로 기본음인 5음이 정
해졌어."

81	72	64	54	48
궁(宮)	상(商)	각(角)	치(徵)	우(羽)

"그럼 12율은 어떻게 만들었어요? 계속 삼분손익법을 써서 계산했나
요?"

"맞아."

"그럼 $42\frac{2}{3}$ 부터는 자연수가 아니니까 3으로 나누어떨어지는 경우가
없을 텐데요. 하긴 분수로 나오면, 복잡하기는 해도 계산할 수 있어요."

"그렇지. 5음 12율이라고 해서 전체가 열일곱 개 음이라는 건 아니고,
5음은 12율 속에 포함되거든. 그래서 남은 일곱 개가 분수로 만들어
지는 음이 되는 거야."

"그렇다면 5음 12율에서 5음은 자연수로 나타나고 나머지 일곱 개 음
은 분수로 나타난다 이렇게 정리하면 되겠네요."

"12율이면 피아노의 반음과 똑같은데, 이름도 도, 레, 미, 파, 솔 이런
식으로 불렀나요?"

"황종, 대려, 태주, 협종, 고선, 중려, 유빈, 임종, 이칙, 남려, 무역, 응종의 순서야. 궁상각치우 5음만 쓸 때는 황종이 궁, 태주가 상, 고선이 각, 임종이 치, 남려가 우인데, 12율을 말할 때는 다른 이름을 쓰는 거지."

음률, 비율의 또 다른 표현

수학 원리로 만들어진 12음률은 어떻게 소리를 조율할까요? 기준이 있어야겠지요. 그래서 악기 중에서도 궁중 음악의 중심이 되는 편경을 12음률에 맞추기 위해 '율관'이라는 관을 만들었어요. 율관이 내는 소리에 맞춰 편경의 소리를 조율했지요.

율관은 길이의 비로 만들어요. 따라서 12율의 이름은 각각 율관의 길이의 비로 나타낼 수 있어요. 궁 음을 나타내는 율관의 길이가 1척이면 치는

5치 4푼이에요. 상 음은 7치 2푼, 우 음은
4치 8푼, 각 음은 6치 4푼이지요.

순수으로 제작된 개량 율관이에요

🧑‍🏫 "12율의 율관 중 황종의 길이는 1척의
기준인 9치, 즉 81푼이고, 황종 길이의
$\frac{2}{3}$를 잘라 만든 게 임종이야. 임종의 길
이는 54푼, 즉 6치인 거지. 이런 식으로
길이를 잘라 만든 것이 12율관이고."

👨‍🎓 "박사님, 12율도 열두 개, 피아노 건반도
한 옥타브가 열두 개잖아요. 뭔가 관련
이 있을 것 같아요."

🧑‍🏫 "아주 중요한 발상이야. 관련 있는 걸 찾아 연결하는 추론이 이제는
아주 습관이 됐나 본데? 좋아, 서양의 12음계를 처음 만든 사람이 누
군지 아는 사람?"

👧 "수학교과서 읽을거리에서 피타고라스라고 본 것 같아요."

🧑‍🏫 "피타고라스는 자연수의 비에 심취한 사람이었어. 어느 날 대장간 옆
을 지나면서 대장장이가 쇠 두드리는 소리를 듣고 소리의 높낮이 사
이에 어떤 수학적 규칙이나 비율이 있을 거라고 추측했던 거지. 여러
가지 실험을 한 결과가 서양 음계의 시초가 됐어."

👨‍🎓 "어떤 실험인데 음계의 시초가 됐어요?"

🧑‍🏫 "피타고라스는 길이가 1인 현을 울린 다음, 길이가 $\frac{1}{2}$인 현을 울리면

정확히 한 옥타브 높은 소리가 난다는 사실을 발견했어. 길이가 $\frac{2}{3}$인 현을 울리면, 길이가 1인 현보다 완전5도 높은 소리가 난다는 사실도 발견했지. 이 두 가지 비율로 피아노 음을 만든 건데, 보통 중간에 있는 도의 현의 길이를 1이라고 하면, 완전5도 높은 솔의 현의 길이는 $\frac{2}{3}$이고, 솔의 현의 길이를 다시 $\frac{2}{3}$배하면 $\frac{4}{9}$가 되는데, 이건 솔보다 완전5도 높은 레의 현의 길이야. $\frac{4}{9}$는 한 옥타브 높은 도의 현의 길이인 $\frac{1}{2}$보다 작고, 그 위의 레가 되니까 다시 반대로 길이를 두 배한 $\frac{8}{9}$은 보통 레의 현의 길이가 돼. 이렇게 계속 $\frac{2}{3}$배하고 길이가 $\frac{1}{2}$보다 작아지면 반대로 두 배하는 방식으로 계산하는 거지."

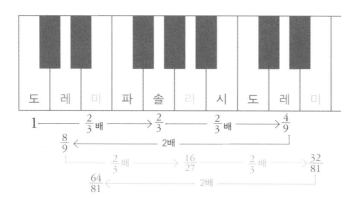

음계	도	레	미	파	솔	라	시	높은 도
현의 길이의 비	1	$\frac{8}{9}$	$\frac{64}{81}$	$\frac{3}{4}$	$\frac{2}{3}$	$\frac{16}{27}$	$\frac{128}{243}$	$\frac{1}{2}$

"박사님, 그런데 음이 만들어지는 순서를 생각하면 도→솔→레→라→미→시→파→도이고, 계산해 보니 시에서 파를 만들면 $\frac{128}{243} \times 2 \times \frac{2}{3} = \frac{512}{729}$ 거든요. 어떻게 $\frac{3}{4}$ 이에요? 약분도 안 돼요."

"역시, 발전된 모습을 보여 주네. 내가 말한 수치를 그냥 믿으면 물론 안 되겠지? 꼭 확인하는 습관이 필요할 거야. 그런데 파의 현의 길이를 이해하려면 음악적인 상식이 필요해. 어떤 현의 길이를 $\frac{2}{3}$ 배하면 얼마만큼 높은 음정의 소리가 된다고 했지?"

"완전5도요."

"그래, 완전5도는 피아노에서 도와 솔 사이의 음정인데, 도와 솔 사이에는 미와 파 사이에 반음이 하나 있어. 나머지는 모두 온음이고. 솔 다음에 만들어지는 레 사이에도 시와 도 사이에 반음이 있고, 그다음 레와 라 사이에도 미와 파 사이에 반음이 하나 있어. 모두 이런 식으로 움직이는데, 마지막 시에서 파 사이에는 반음이 두 개야. 시와 도 사이에 하나, 미와 파 사이에 하나. 음악에서 이런 걸 감5도라고 해. 결론적으로 시와 파 사이는 완전5도보다 짧기 때문에 길이의 비가

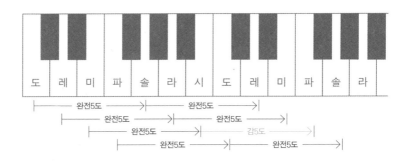

$\frac{2}{3}$ 일 수가 없다는 거야."

"그럼 어떻게 파의 현의 길이를 구한 건데요?"

"지금 한번 고민해 봐. 힌트라고 할 만한 건, 파를 남겨 놓고 생각하는 거야."

"도와 레 사이, 파와 솔 사이가 모두 온음이니까 파의 현의 길이를 □ 라고 하면 비례식을 만들 수 있어요. $1:\frac{8}{9}=\square:\frac{2}{3}$. 비의 성질을 이용 해야겠죠. $\frac{8}{9}$로 1을 만들려면 $\frac{9}{8}$배를 하면 되니까 오른쪽 뒤에 있는 $\frac{2}{3}$에 $\frac{9}{8}$배를 하면… 와, $\frac{3}{4}$이 나와요."

"저는 다른 방식이에요. 파에서 높은 도가 완전5도니까 파의 현의 길 이를 □ 라 하면 $\square\times\frac{2}{3}=\frac{1}{2}$이라는 식을 얻을 수 있고, 등식의 성질을 사용하여 양쪽에 $\frac{3}{2}$을 곱하면 $\square=\frac{3}{4}$이 나와요. 피타고라스는 음악 에도 뛰어난 사람이었나 봐요."

"모두 잘했어. 피타고라스는 수학적 원리를 이용하여 음계를 만든 사 람이라고 할 수 있을 거야. 음악의 상당 부분은 수학과 연관돼 있어. 화성도 그렇고, 수학이 음악에 영향을 주는 분야는 아주 많거든."

"피타고라스 음계의 12음과 우리나라 전통 음악인 12율은 그럼 무슨 관계예요?"

"그것도 지금 한번 생각해 봐. 아까 조사한 12율을 정확히 정리해 보 면 뭔가 관련성이 보일 거야."

"누나, 12율에서 황종의 길이가 81푼인데, 이걸 1로 놓아야 피타고라 스 음계와 비교할 수 있을 것 같아."

"그래. 네 말대로 황종을 1로 놓으면 임종은 $1-\frac{1}{3}=\frac{2}{3}$가 되는데, 이건 피타고라스 음계의 솔과 같아. 그다음 태주는 $\frac{2}{3}+\frac{2}{3}\times\frac{1}{3}=\frac{8}{9}$인데, 이건 레와 같고."

"그다음으로, $\frac{8}{9}-\frac{8}{9}\times\frac{1}{3}=\frac{8}{9}-\frac{8}{27}=\frac{16}{27}$인데 이건 라와 같네. 누나, 이런 식으로 계속하면 분수가 점점 커지는데 계산할 수 있을까? 뭔가 쉬운 방법이 있을 것 같지 않아?"

"음… 삼분손익법에서 $\frac{1}{3}$을 뺄 때는 결국 $\frac{2}{3}$가 남고, $\frac{1}{3}$을 더할 때는 $\frac{4}{3}$로 커지잖아. 이전 길이에 $\frac{2}{3}$와 $\frac{4}{3}$를 번갈아 곱하면 될까?"

황종 1

임종 $1\times\frac{2}{3}=\frac{2}{3}$

태주 $\frac{2}{3}\times\frac{4}{3}=\frac{8}{9}$

남려 $\frac{8}{9}\times\frac{2}{3}=\frac{16}{27}$

고선 $\frac{16}{27}\times\frac{4}{3}=\frac{64}{81}$

응종 $\frac{64}{81}\times\frac{2}{3}=\frac{128}{243}$

유빈 $\frac{128}{243}\times\frac{4}{3}=\frac{512}{729}$

"표를 만들어서 아까 만들었던 피타고라스 음계와 비교해 보자. 파와 유빈이 다르네. 왜 그러지? 계산이 잘못됐나?"

"아하, 완전5도를 생각해 봐. 마지막 파의 현의 길이를 계산할 때는 시에서 계산한 결과를 사용하지 않았어. 그러니까 12율에서 지금 구한 유빈은 파가 아니고 파보다 반음 높은 파 샵인 거지. 박사님, 그럼 두 음계가 완벽하게 일치한다고 볼 수 있는 거 아닌가요?"

"복잡하기는 해도 파의 $\frac{3}{4}$과 유빈의 $\frac{512}{729}$의 크기를 소수로 고쳐 보니 각각 0.75, 약 0.702야. 파가 더 크니까 유빈이 높은 음이네. 그런

피타고라스 음계	도	레	미	파	솔	라	시	높은 도
현의 길이의 비	1	$\frac{8}{9}$	$\frac{64}{81}$	$\frac{3}{4}$	$\frac{2}{3}$	$\frac{16}{27}$	$\frac{128}{243}$	$\frac{1}{2}$

12율	황종	태주	고선	유빈	임종	남려	응종	청황종
율관 길이의 비	1	$\frac{8}{9}$	$\frac{64}{81}$	$\frac{512}{729}$	$\frac{2}{3}$	$\frac{16}{27}$	$\frac{128}{243}$	$\frac{1}{2}$

데 그게 정확히 반음 차이인지는 모르겠어.”

“와, 지금 둘이서 대단히 중요한 작업을 해냈어. 필요한 도구를 적절히 사용하기까지 했으니 완벽할 지경이야. 규칙을 발견하거나 비교할 때는 표가 딱 맞거든. 덕분에 파와 유빈의 현의 길이가 다르다는 사실, 유빈이 파보다 높은 음이라는 사실을 확인하게 됐네. 삼분손익법과 피타고라스의 음계가 서로 같다는 것을 생각하면 둘 중 하나가 다른 것의 영향을 받았을지도 모르겠다는 생각이 드는데, 여기에 대해서는 음악의 역사를 찾아 조사해 보면 좋겠다.”

“박사님, 아직 의문이 남았어요. 결과적으로 두 음계가 같다는 건 알겠는데, 계산법은 달랐잖아요. 그런데 어떻게 결과가 같아졌어요? 이번에도 표를 만들어 볼까요?”

황종 1	도 1
임종 $1 \times \dfrac{2}{3} = \dfrac{2}{3}$	솔 $1 \times \dfrac{2}{3} = \dfrac{2}{3}$
태주 $\dfrac{2}{3} \times \dfrac{4}{3} = \dfrac{8}{9}$	레 $\dfrac{2}{3} \times \dfrac{2}{3} = \dfrac{4}{9}, \ \dfrac{4}{9} \times 2 = \dfrac{8}{9}$
남려 $\dfrac{8}{9} \times \dfrac{2}{3} = \dfrac{16}{27}$	라 $\dfrac{8}{9} \times \dfrac{2}{3} = \dfrac{16}{27}$
고선 $\dfrac{16}{27} \times \dfrac{4}{3} = \dfrac{64}{81}$	미 $\dfrac{16}{27} \times \dfrac{2}{3} = \dfrac{32}{81}, \ \dfrac{32}{81} \times 2 = \dfrac{64}{81}$
응종 $\dfrac{64}{81} \times \dfrac{2}{3} = \dfrac{128}{243}$	시 $\dfrac{64}{81} \times \dfrac{2}{3} = \dfrac{128}{243}$

"박사님, 제 생각에 $\dfrac{2}{3}$를 곱하는 건 똑같은데, $\dfrac{4}{3}$를 곱한 부분에서 차이가 나는 것 같았거든요. 그런데 표를 보니까 현의 길이가 $\dfrac{1}{2}$보다 작으면 다시 두 배를 해주는 부분에서, 피타고라스 음계도 결국 $\dfrac{2}{3}$만 곱한 게 아니라 $\dfrac{4}{3}$를 곱한 거나 마찬가지예요. 전혀 다른 계산 방식이라고 생각했는데, 결국 같은 계산식이에요."

"아, 거기에 대해서는 나도 미처 생각하지 못했는데. 삼분손익법과 피타고라스의 계산법이 일치한다는 사실을 너희 덕분에 지금 알게 된 거야."

피타고라스 콤마

　동양의 음계는 수학의 비율을 따라 만들어진 12음률이에요. 12음률은 한 옥타브 내의 12음을 말하죠. 12음이 한 옥타브가 되고, 이 한 옥타브보다 높은 음과 낮은 음을 나타낼 때 기준이 되는 중간의 12음률을 중성이라고 해요. 중성보다 한 옥타브 높은 소리를 청성, 한 옥타브 낮은 소리는 배성 또는 탁성이라고 한답니다. 편경, 편종, 방향은 한 옥타브 내의 12음과 그보다 한 옥타브 높은 네 개의 음, 즉 16음을 내는 악기들이에요. 이 악기들이 내는 음을 '12율 4청성'이라고 해요.

　"박사님, 이상한 게 또 있어요. 음악 시간에 국악과 서양음악을 연주한 적이 있거든요. 그런데 피아노 음과 국악의 음이 맞지 않았어요. 지금 조사한 대로라면 결국 동서양의 음계는 같은 거잖아요. 그런데 국악과 피아노는 왜 맞지 않아요?"

　"거기에는 사연이 있어. 사실 피타고라스 음계는 지금까지 유지되고 있지 않아. 아까 봤듯이 현의 길이의 비는 복잡한 분수 형태고, 피아노 검은 건반은 그 분수의 숫자가 무척 커. 이 숫자들이 불협화음을 만들어 냈던 거야. 그래서 수정 작업을 거쳐 1:2, 2:3, 3:4와 같이 보다 간단한 정수비로 표현되는 좋은 화음으로 새로운 음계를 만들었어. 아카펠라나 현악기 합주 등에서는 음높이를 자유롭게 바꿀 수 있으니까 문제가 없는데, 음높이를 고정시킨 피아노나 관악기 합주에서는 조를 바꿀 수 없으니 문제가 또 발생했고."

"그럼 더 좋은 비로 바뀌었어요?"

"간단한 정수비보다 더 좋은 비는 없지. 다만 피아노의 한 옥타브를 열두 개 반음으로 나누고 균등하게 분할하는 비율로 만든 것이 현대의 음계로 쓰이고 있어."

"피타고라스의 음계는 균등하게 분할된 게 아니었어요?"

"다시 표를 보고 계산해 봐. 도와 레 사이에 두 개의 반음이 있는데, 도에 대한 레의 현의 길이 비는 $\frac{8}{9}$이야. 반면 미와 파 사이에는 반음이 하나 있는데, 미에 대한 파의 현의 길이의 비는 $\frac{81}{64} \times \frac{3}{4}$한 값인 $\frac{243}{256}$이잖아. 여기서 무얼 찾아야 균등한지 아닌지 파악할 수 있을까?"

피타고라스 음계	도	레	미	파	솔	라	시	높은 도
현의 길이의 비	1	$\frac{8}{9}$	$\frac{64}{81}$	$\frac{3}{4}$	$\frac{2}{3}$	$\frac{16}{27}$	$\frac{128}{243}$	$\frac{1}{2}$

"아, 반음 하나 사이의 비가 $\frac{243}{256}$이니까 이걸 두 번 곱하면 반음이 두 개 있는 비인 $\frac{8}{9}$이 나와야 해요. 피타고라스가 만든 음계에도 허점이 있었네요."

"원숭이도 나무에서 떨어진다는 말이 있잖아. 누구에게나 한 번의 실수는 있는 거지 뭐. 피타고라스가 음악가도 아니었고. 이런 허점을 '피타고라스 콤마'라고 불러. 현의 길이를 $\frac{1}{2}$배했을 때 한 옥타브 높은 음, 그러니까 완전8도 높은 음이 나오는 비율과 현의 길이를 $\frac{2}{3}$배했을 때 완전5도 높은 음이 나오는 비율이 동시에 성립할 수 없는 미묘한 차이, 그 차이가 소수점 아래 아주 작은 수이기 때문에 콤마라고 이름 붙인 것 같아."

서양 음계를 만들었다는 유명한 수학자 피타고라스에 대한 얘기를 들을 기회는 앞으로도 많을 거예요. 무엇보다 동양 음계의 원리인 삼분손익법이 피타고라스의 방법과 결국 일맥상통한다는 사실이 정말 신기하고 놀라워요.

말도 안 돼 보이는 값, 그 안의 수학적 근거

"박사님, 어제 신문에서 말도 안 되는 글을 봤어요."

"뭔데?"

"글쎄요. 종이를 마흔두 번 접으면 그 두께가 지구에서 달나라까지의 거리만큼이래요."

"정말? 사실인지 계산해 볼까?"

"지구에서 달까지 거리를 어떻게 계산해요? 그리고 종이를 마흔두 번이나 접을 수 있어요?"

"인터넷에서 확인해 보니, 신문지는 최대 여덟 번까지 접을 수 있대. 그럼 실제로는 기껏해야 열 번 이내로 접을 수 있다는 거니까, 마흔두 번은 실제가 아니고 가상으로 접었다 치고 계산하자는 걸 거야."

"그래도 어떻게 달나라까지 가는 두께가 되겠어요? 말이 안 되는 소리예요."

180

"아 글쎄, 나도 모르니 같이 계산을 해보자고. 확인해 보면 되지. 먼저, 종이 한 장의 두께는 몇 센티일까?"

"몇 센티라니요? 1밀리도 안 돼요. 얇아서 잴 수도 없어요. 대략 난감."

"박사님, 한 장은 잴 수 없지만 한 묶음을 재면 될 것 같아요. 보통 A4 한 묶음이 500장인데, 이 높이를 재보니 딱 5센티예요. 그럼 한 장의 두께는 어떻게 구하나? 그렇구나, 나눠야지. $500 \div 5 = 100$, 100센티? 이상하다. 왜 1미터가 나오지?"

"나눗셈을 반대로 해야지. $5 \div 500 = 0.01$, 그러니까 종이 한 장의 두 께는 0.01센티. 나 A4 용지 한 장의 두께 지금 처음 재봤어. 수학에 너무 관심이 없었나 봐. 반성합니다."

"그래, 수고들 했어. 여러 장을 모은 후 길이를 잰 건 아주 좋은 아이디어였어. 한 수 배웠네."

"종이 한 장에 겨우 0.01센티인데 이걸 마흔두 번 접으면 두 배씩 늘어난다 쳐도 여든네 배, 그러면 0.84센티니까 1센티도 되지 않는 건데, 무슨 달나라는…."

"그러게, 말도 안 되는 소리네. 그런데 신문에 왜 그런 말도 안 되는 기사가 실렸을까? 그리고 그 말이 거짓이라면, 인터넷에 다시 떴을 거야. 요즘이 어떤 세상인데, 거짓 기사를 네티즌이 가만둘 리 없지."

"그럼 다시 생각해 봐야죠. 그런데 마흔두 번 접으면 여든네 배 정도 된다는 말이 이상해요."

"한 번 접으면 두 배, 두 번 접으면 네 배가 되니 마흔두 번 접으면 여 든네 배가 되는 건 당연하잖아. 규칙이 그런 건데?"

"한 번 접으면 두 배, 두 번 접으면 네 배가 되는 건 맞는데, 세 번 접 으면 여덟 배가 되잖아. 그러니까 규칙이, 접는 횟수의 두 배가 아니 라 접을 때마다 두 배씩 커가는 거야. 한 번 더 접어서 네 번 접으면 열여섯 배가 되니 마흔두 번 접으면 여든네 배 된다는 것은 말이 안 되는 추측이었어."

"처음 두 번의 규칙만 보고 항상 그럴 거라고 생각해 버렸어. 그럼 두 께를 계산해 보자."

"천천히 접어 보자. 다섯 번 접으면 서른두 배, 여섯 번은 예순네 배, 일곱 번은 128배."

"그렇게 해서 언제 다 해. 더 좋은 방법 없어? 단번에 계산하는 법.

"있어. 중1에서 배우는 거듭제곱. 마흔두 번 접은 걸 표기하면 2^{42}인 데, 어차피 두께를 계산하려면 그냥 곱셈으로 계속하는 게 좋을 것 같아. 그냥 계속해 보자. 여덟 번은 256배, 아홉 번은 512배, 열 번은 1,024배야. 이쯤에서 대략 계산해 보는 거야. 열 번에 1,024배니까 이 걸 약 1,000배로 생각하면 10센티라고 칠 수 있겠지. 다시 열 번을 더 접으면 그 두께는 10센티의 약 1,000배니까 100미터가 되고, 다시 열 번 더 접으면 그 두께는 100미터의 약 1,000배니까 100킬로미터, 다 시 열 번 더 접으면 그 두께는 100킬로미터의 약 1,000배니까 10만 킬로미터. 이제 두 번만 더 접으면 돼. 마지막 힘을 내."

"두 번은 내가 계산할게. 10만 킬로미터에서 한 번 더 접으면 20만 킬로미터가 되고, 다시 한 번 더 접으면 40만 킬로미터야. 드디어 끝. 엄청나네."

"인터넷을 뒤져 보니까 실제 지구와 달 사이 거리는 약 38만 킬로미터에서 44만 킬로미터래. 우리가 구한 게 40만 킬로미터니까 신문 기사는 사실이었어."

"와, 틀렸다고, 말도 안 되는 소리라고 생각했는데. 뭐든 확인할 수 있으니까 이젠 그냥 넘어가면 안 되겠어요."

"저도요. 신문 보면 숫자가 되게 많은데, 그냥 믿거나 말거나 무시했거든요. 이제는 반드시 확인해 볼 거예요."

"신문 기사는 정확해야 하니까 믿거나 말거나 하는 기사는 없어. 장담하건대, 수학적 근거를 찾아서 확인할 때마다 너희 수학 실력이 쑥쑥 자랄 거야."

다빈이의 일기

제목 : 피타고라스와 음악

피타고라스라는 수학자는 피타고라스의 정리로 유명하다. 피타고라스의 정리는 모든 직각삼각형에서 빗변의 길이의 제곱은 다른 두 변의 길이의 제곱의 합과 같다는 것이다.

전에 『개념연결 중학수학사전』에서 찾아 확인한 내용이 있는데, 피타고라스의 정리를 넓이로 설명한 부분이었다.

변의 길이가 3, 4, 5인 삼각형에서 빗변을 한 변으로 하는 정사각형의 넓이는 5의 제곱, 즉 5×5로 25이고, 나머지 두 변으로 정사각형을 만들어 그 넓이의 합을 구하면 9+16, 25가 된다. 정말 신기하다.

$$3^2 + 4^2 = 5^2$$

그런데 피타고라스가 음악에까지 손을 뻗쳤다고 하니 진짜 놀라운 일이다. 음악을 좋아하는 내 친구는 수학을 무지하게 싫어하던데, 오히려 음악과 수학을 연결한 사람이 있다니 모순 아닌가? 하지만 이런 생각도 잠시⋯ 피아노의 음계가 피타고라스의 고안이었다는 대목에 이르니 수학에 대해 부정할 수 없는 신비감이 돌았다.

한 옥타브에는 반음이 열두 개 있고, 현의 길이를 $\frac{2}{3}$씩 줄이면 완전 5도씩 음이 올라가는데, 완전5도는 반음이 일곱 개다. 그러므로 도 음에서 시작하여 일곱 개씩 올라가면 열두 번 만에 열두 개의 반음 각각이 만들어지고 열세 번 만에 다시 도 음으로 되돌아온다. 이건 12와 7이 서로소이기 때문이다.

만약 세 개씩 올라가면 네 번 만에 열두 개를 올라가니까 음이 네 개밖에 만들어지지 않는다. 결국 현의 길이를 줄이면서 올라가는 반음의 개수는 12와 서로소인 1, 5, 7개밖에 없다.

그러고 보니 점핑 워치(jumping watch)라는 시계가 생각난다. 12시 정각에 출발하여 한 시간이 지나면 갑자기 네 칸을 뛰어 움직인다. 결국 한 시간에 다섯 칸을 움직이는데, 5와 12가 서로소이므로 이렇게 열두 번을 움직이면 다시 제자리인 12시로 돌아온다. 서로소의 성질을 이용한 것이다.

같이 생각해 봐요

일상생활에서
서로소의 원리를
사용하는 것이 더 있는지
궁금하다.

06 악기 속에서 발견한 수학

조선시대에 종묘에서 역대 왕들의 제사 때 연주되던 종묘제례악.
중요무형문화재 제1호로 유네스코 세계무형유산으로도 지정되었다.

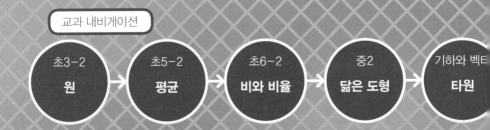

어때요? 퉁소 실력이 좀 늘었죠?

소리가 좋구나.

우리 국악기 속에는 천지자연이 담겨 있지.

짝짝

왈! 왈!

네? 어떻게 악기 속에 천지자연이 들어가요?

에이… 진짜 집어넣는다는 게 아니잖아.

옛날에 악기를 돌이나 나무로 만들었으니 그렇게 표현하신 게 아닐까?

하하… 다빈이 말도 맞지만, 우리 조상들은 악기가 우주를 담고 있다고 생각했어.

콩콩

두께 차이로 다른 소리를 내는 편경

    편경은 궁중 음악인 아악 연주의 핵심 악기예요. 습도나 온도의 변화에도 음색, 음정이 변하지 않아 모든 악기의 음률을 맞추는 기준이 되지요. 하지만 편경의 재료인 돌, 그중에서도 경석은 구하기가 힘이 들고, 편경의 두께를 소리에 맞추는 것도 어려운 작업이기 때문에 심혈을 기울여 만들고 세심하게 관리해야 한답니다.

    ㄱ자 모양의 편경은 앞에서 보면 크기가 거의 비슷한데, 옆에서 보면 두께가 모두 달라요. 두꺼울수록 높은 소리를 내고, 얇을수록 낮은 소리를 내죠. 열여섯 매의 경은 나무틀의 위와 아래 두 단으로 된 가로목에 음높이 순서대로 걸려 있어요.

편경을 연주할 때는 각퇴라는
도구를 사용합니다. 쇠뿔을 잘라
가운데 구멍을 뚫고 물푸레나무
를 박아서 만든 방망이인데, 각
퇴로 경의 아래 '고' 부분을 치면
맑은 소리가 울려 퍼진답니다.

국악박물관에서 수학 체험 활동 중
편경을 직접 치며 소리를 감상해 보았어요

타원이 만드는 소리, 편종

편종은 열여섯 개의 종으로 이루어져 있어요. 크기가 비슷해 보이지만
두께 차이가 나는 각각의 종이 열여섯 개의 음을 만들어 낸답니다. 편경처
럼 두께가 두꺼울수록 높은 소리가, 얇을수록 낮은 소리가 나요.

이름에 '종'이 들어가는데 우리가 아는 종 모양은 아니에요. 옆에서 보
면 종이 납작하게 눌린 모양이거든요. 보통 종은 아랫부분은 둥근 원이고,

타원 모양이에요

편종과 편종을 만드는
틀에서 찍은 **편종의 단면**

위로 갈수록 원의 크기가 줄어들어 한 점에서 모이지요. 그런데 편종은 아래서 올려다보면 그 모양이 원이 아닌 타원에 가까워요.

"박사님, 원과 타원은 다른 거죠? 타원은 계란 모양 같은 거예요?"

"초등학교 때부터 원을 배웠는데, 아직 타원이라는 단어는 나오지 않았어요."

"수학 시간에 배우지 않았어도 일상에서 그 모양을 자주 접하면 궁금한 게 당연하지. 그 호기심을 그냥 지나쳐 버리지 않다니, 칭찬해 줄 수밖에 없네."

"인터넷에서 검색을 해봤더니, 이차식이 나왔어요. 타원의 방정식, 기본 형태가 $\dfrac{x^2}{a^2}+\dfrac{y^2}{b^2}=1$이라는데, 이런 방정식은 처음 봐요. 엄청 복잡해요."

"아, 보기만 해도 어지러워요. 이렇게 복잡한 것이 타원이라면, 전 그냥 포기할래요."

"타원은 고등학생 중에서도 이공계로 진학하는 학생들만 선택하는 '기하와 벡터'에 나오는 내용이야. 본격적으로 공부하는 게 쉬운 일이 아니지. 그런데 이해하기 어려운 수학을 이른 시기에 선행학습하는 친구들이 정말 많잖아. 자칫 수학을 포기하게 될 수 있어. 방금 레오가 포기하고 싶다고 생각한 게, 그러고 보면 당연한 거지."

"그럼 타원을 이해하는 건 고등학교로 미룰래요. 좀 아쉽긴 하지만요."

"꼭 그런 것만은 아니야. 인터넷에는 쉬운 부분과 어려운 부분이 섞여 나오고, 아직은 그걸 구분하기가 어렵기 때문에 부담스러운 거거든. 오늘은 너희가 이해할 수 있는 부분만 함께 공부하고, 본격적인 학습은 고등학교 올라가서 하는 걸로 정리하자."

, "네, 좋아요."

"너희는 계란이 타원 모양이라고 생각하지?"

"네. 정확한 원은 아니고 길쭉한 원이니까요."

"타원 모양이라는 말을 타원과 닮았다거나 타원과 비슷하다는 뜻으로 사용한다면 틀린 게 아닌데, 계란은 정확한 타원이 아니야."

"계란을 자세히 보면 양쪽이 똑같지 않고, 한쪽이 더 갸름해요. 불균형하게 생겼어요. 그래서 타원이라고 할 수 없는 거예요?"

"그것도 이유가 되지만, 양쪽 모양이 똑같다고 해서 모두 타원인 건 또 아니야. 수학의 개념은 약속이기 때문에 정확한 조건을 만족해야만 해. 그렇지 않으면 의사소통에 문제가 생기니까. 원은 둥근 모양이라고만 배웠지? 하지만 타원도 둥근 모양이라고 할 수 있기 때문에 정확한 조건이 필요한 거야. 레오가 원에 대해 설명해 볼래?"

"중심이 있어야 해요. 반지름을 알아야 하고요. 중심에서 반지름만큼 컴퍼스를 벌려 돌리면 원이 돼요."

"그건 원을 그리는 방법이잖아. 한 점에서 똑같은 거리에 있는 점들을 이어 만든 도형, 이렇게 깔끔하게 설명하면 안 돼?"

"그렇지. 다빈이가 잘 말해 줬어."

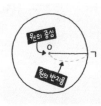

종이 위의 한 점에서 일정한 거리에 있는 점들을 이어서 만든 도형이 '원'이다. 이때 한 점은 '원의 중심'이 되고, 일정한 거리는 '원의 반지름'이 된다. 한 원에서 반지름은 모두 같다.

"그러면 타원은 어떻게 정의돼요?"

"레오가 설명한 대로 그림을 그려 볼까? 지금은 컴퍼스가 없으니까 실을 적당히 묶어서 한쪽을 핀으로 고정하고, 반대쪽에 연필을 넣어 팽팽하게 당긴 뒤 돌려 보는 거야. 이때 실의 길이는 뭘까?"

"반지름이요. 아, 아니, 지름이요. 실이 두 겹이니까 실의 길이는 반지름 길이의 두 배, 즉 지름의 길이예요."

"타원을 그리려면 핀이 하나 더 필요해. 핀 두 개를 적당한 간격으로 고정하고, 원을 그릴 때와 마찬가지로 실을 묶은 후, 실을 두 핀에 모두 걸친 상태에서 여기에 연필을 넣어 실을 팽팽하게 당겨 가며 한

바퀴를 돌리면 타원을 그릴
수 있어."

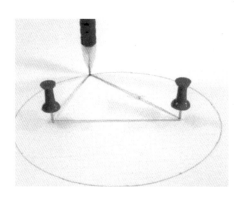

😎 "어? 그런데 중간에 자꾸 걸
려요."

👩 "실을 핀 너머로 넘기면서
계속 돌려 봐."

😎 "아, 됐어요. 타원은 역시 계란과는 다르게 양쪽이 정확히 똑같아요."

👩 "박사님, 아까 양쪽이 똑같다고 해서 모두 타원인 건 아니라고 하셨는
데, 그건 무슨 뜻인가요? 지금 그린 타원을 보면 특별한 조건이 있는
것 같지 않은데요."

👩 "타원 위 점들의 특징을 생각해 볼까?"

👩 "실의 길이와 관계있어요? 팽팽하게 당긴 상태에서는 삼각형이 생기
고, 두 핀 사이의 거리는 항상 일정하지만 연필과 두 핀 사이의 거리
는 계속 달라지거든요."

😎 "알았다. 조건이 돼요. 두 핀과 연필 사이의 거리는 변하지만 그 합은
항상 일정해요. 실의 길이가 변하지 않으니까요."

👩 "그렇지. 그렇다면 타원의 정의를 내려 볼까?"

😎 "원과 비슷하지 않을까요? 한 점에서 일정한 거리에 있는 점들을 이
어 만든 것이 원이니까, 타원에서는 한 점을 두 점으로 바꾸고, 거리
의 조건이 일정한 것으로 바꾸면 될 것 같아요. 두 점에서의 거리의
합이 일정한 점들을 이어서 만든 도형이 타원이다."

👩 "고등학교 수학교과서와 비교해 봐도 레오의 정의는 아주 정확해. 아직 배우지 않은 내용이지만 이렇게 이전에 배운 개념과 연결해 추론해 나가면서 새로운 개념을 익히게 된 거지."

편경과 편종에서 발견한 비율

국립국악박물관 2층 전시 공간에서는 편경과 편종을 직접 두드리고 소리를 들을 수 있어요. 이때 옆에 있는 모니터에 녹색 막대기가 뜨는데요, 바로 소리의 크기를 나타내는 표시랍니다. 어떻게 소리의 크기를 막대그래프처럼 나타낼 수 있을까요?

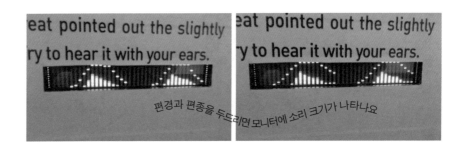

편경과 편종을 두드리면 모니터에 소리 크기가 나타나요

👩 "자, 표를 봐봐. 앞에 '청' 자가 붙은 네 개는 보통 음보다 한 옥타브 높은 음이야. 동양에서는 보통 음인 중성, 한 옥타브 높은 음은 청성, 한

옥타브 아래 음은 배성으로 구분했거든. 서양 음계에서는 보다 정확히 나타내기 위해 C 뒤에 숫자를 붙여."

12율	서양 음계	편경	
		음고(Hz) (진동수/ 초)	확대 비율 (아래 수/ 위 수)
황종	C(C4)	263.70	
대려	C#	281.60	1.0679
태주	D	296.66	1.0535
협종	D#	316.80	1.0679
고선	E	333.75	1.0535
중려	F	356.40	1.0679
유빈	F#	375.46	1.0535
임종	G	395.55	1.0535
이측	G#	422.40	1.0679
남려	A	445.00	1.0535
무역	A#	475.20	1.0679
응종	B	500.62	1.0535
청황종	C(C5)	527.40	1.0535
청대려	C#	563.20	1.0679
청태주	D	593.32	1.0535
청협종	D#	633.60	1.0679

"확대 비율이 계속 변하는 이유는 뭐예요?"

"오, 레오, 계속 민감하게 관찰하고 있구나. 비율이 비슷해도 약간씩 차이가 나지?"

"1.0535와 1.0679가 번갈아 나타나요. 어떤 규칙이 있는 것 같은데요."

"앞에서 피타고라스 음계와 삼분손익법은 허점을 지니기 때문에 지금의 피아노와 다르다고 배웠는데, 혹시 그것과 관련이 있나요?"

"맞아. 진동수는 곧 현의 길이와 관계가 있어. 현의 길이가 짧을수록 진동수는 커지거든. 피타고라스 음계나 삼분손익법에서 완전5도를 높이기 위해 현의 길이를 $\frac{2}{3}$씩 줄이고, 현의 길이가 기준 음 $\frac{1}{2}$ 이하로 줄어들었을 때 어떻게 했는지 떠올려 보면 연결시킬 수 있을 거야."

"기준 음의 $\frac{1}{2}$ 이하로 줄어들면 한 옥타브 이상 높은 음이 나오기 때문에 다시 두 배해서 같은 옥타브 안의 음으로 바꿨어요. 그런데 $\frac{2}{3}$ 배와 $\frac{1}{2}$배 사이에 아주 미묘한 차이가 있다고 했어요. 피타고라스 콤마요. 바로 그 차이 때문에 두 가지 비율이 번갈아 나오는 것 같아요."

"나도 그렇게 생각해. 피아노에서 사용하는 진동수를 살펴보면 좀 더 명확히 이해할 수 있겠지."

"인터넷을 뒤져 피아노 각 음에 대한 진동수 자료를 얻었어요. 12율과 피아노 음계의 진동수를 비교하는 표를 만들어 봤더니 확실하게 차이가 나요. 피아노의 확대 비율은, 오차를 고려하면 항상 1.0595로 일정해요. 신기해요."

"박사님, 피아노는 어떻게 만들어졌기에 비율이 이렇게 일정해요?"

"피아노는 한 옥타브에 열두 개 반음이라는 분할 비율에 따라 만들어졌어. 한 옥타브 올라갈 때마다 현의 길이를 $\frac{1}{2}$ 배하고, 그 사이에 열

12율	서양 음계	편경		피아노	
		음고(Hz) (진동수/ 초)	확대 비율 (아래 수/ 위 수)	음고(Hz) (진동수/ 초)	확대 비율 (아래 수/ 위 수)
황종	C(C4)	263.70		261.6	
대려	C#	281.60	1.0679	277.2	1.0596
태주	D	296.66	1.0535	293.7	1.0595
협종	D#	316.80	1.0679	311.1	1.0592
고선	E	333.75	1.0535	329.6	1.0595
중려	F	356.40	1.0679	349.2	1.0595
유빈	F#	375.46	1.0535	370.0	1.0596
임종	G	395.55	1.0535	392.0	1.0595
이측	G#	422.40	1.0679	415.3	1.0594
남려	A	445.00	1.0535	440.0	1.0595
무역	A#	475.20	1.0679	466.2	1.0595
응종	B	500.62	1.0535	493.9	1.0594
청황종	C(C5)	527.40	1.0535	523.3	1.0595
청대려	C#	563.20	1.0679	554.4	1.0594
청태주	D	593.32	1.0535	587.3	1.0593
청협종	D#	633.60	1.0679	622.3	1.0596

두 개 반음이 일정하게 커지도록 현을 줄여 나가는 거지. 기준이 하나 뿐이기 때문에 일정한 비율을 유지하는 거야."

결국 수치의 정확성이 음악의 아름다움을 만들어 낸 것이었네요.

천지자연을 악기에 담다, 현악기

우리 조상들은 악기 안에 우주의 질서가 담겨 있다고 믿었어요. 기본 5음인 궁상각치우에서 만들어진 소리가 12율인데, 5음과 12율은 우주와 땅을 담고 있어요. 동양에서는 세상이 나무, 불, 흙, 쇠, 물로 만들어진다고 생각했고, 이 다섯 가지를 5행이라고 해요. 목, 화, 토, 금, 수가 되는 거죠. 열두 동물을 12지라고 불렀다는 건 앞에서 이야기했죠? 5음과 5행을 연결하고, 12율을 12지와 연결하여 음악 속에는 하늘과 땅의 질서가 담겨 있다고 생각했답니다.

검은 학이 춤추다, 거문고

거문고는 고구려의 재상 왕산악이 중국의 악기인 금을 개량하여 만든 것이에요. 거문고를 만들어 100여 곡을 연주하자 검은 학이 와서 춤을 추었다고 하여 현학금으로 불리기도 했답니다.

거문고는 길쭉한 네모 모양 나무판에 여러 개의 줄이 걸려 있는 것처럼 보이지요. 실제로 오동나무로 만든 공명통(울림통) 위에 명주실로 꼬아 만든 줄이 여섯 개 있어요. 세 줄은 열여섯 개의 괘 위에, 나머지 세 줄은 가야금처럼 기러기발(안족)에 받쳐 있지요.

사람들은 거문고에 우주의 질서가 담겨 있다고 생각했어요. '천원지방'이라는 전통적인 우주관에 따라 거문고의 길이 3자 6치 6푼은 1년의 날수 366일을 의미하고, 줄 여섯은 동서남북과 위아래를 상징하며, 울림통 위의 둥근 모양은 하늘을, 울림통의 네모 모양은 땅을 상징했던 것이지요. 또한 큰 줄은 임금, 작은 줄은 신하라고 여겼답니다.

국악박물관에서 거문고를 직접 연주해 볼 수 있어요

망한 가야에서 만들어져 신라로 가다, 가야금

거문고와 함께 우리나라를 대표하는 현악기는 가야금이에요. 6세기경 가야의 가실왕이 처음 만들었고, 우륵에게 명하여 열두 곡을 만들게 했죠. 그 뒤 가야가 어려워지자 우륵은 제자들과 가야금을 갖고 신라로 가 항복했다고 합니다.

가야금에도 긴 네모 모양의 오동나무 울림통과 명주실을 꼬아 만든 줄이 있어요. 가야금의 줄은 열두 개인데, 각각 음높이를 조절하는 기러기발에 세워져 있어요. 열두 줄과 괘는 1년 열두 달을 상징합니다.

거문고 있는 곳에 가야금도 있게 마련이지요

일상에서의 닮음

"방을 정리하다 2013년 신문이 나왔는데, 원이 있어서 민감하게 보게 됐거든요. 2012년 우리나라 국민의 상위 10퍼센트와 하위 10퍼센트의 월평균 소득을 비교한 자료로 그림을 그렸더라고요. 그런데 이해되지 않는 부분이 있어요."

"어느 부분이?"

"기사 제목이 '921만 원 대 90만 원, 10배 이상 차이 나'예요. 수치적으로 계산해서 열 배 이상 차이 나는 건 맞는데, 그림이 이상한 거예요. 작은 원이 하위 10퍼센트를 나타내고, 상위 10퍼센트는 큰 원이잖아요. 소득이 열 배 차이 나면

상위 10%와 하위10%의 월평균 소득 비교

※ 2012년 2인 이상 도시 가구 기준
자료 : 통계청

921만 2천 원
상위10%

90만 3천 원
하위10%

넓이도 열 배 차이가 나야 하는 거 아닌가요? 그런데 그래 보이지 않아요."

"맞아요. 제가 지금 작은 원의 길이를 쟀더니 지름이 정확히 1센티가 나왔어요."

"잠깐, 눈에 보이는 것을 다 재면 추측하는 재미가 없잖아. 자료는 다 주어졌고, 열 배 정도 차이라는 것도 제시되었고, 방금 작은 원의 지름의 길이가 1센티라는 것도 알았으니, 이제 이걸로 큰 원의 지름의 길이를 추측해 보고 그게 맞는지 확인하는 활동을 해보자. 재미있을 거야."

"작은 원이 1센티니까 큰 원은 5센티쯤 돼요?"

"왜 갑자기 5센티야? 열 배 정도 차이 나니까 10센티는 돼야 하는 거 아니야?"

"이게 10센티나 돼 보여? 나는 이게 5센티도 안 돼 보이는데. 그래서 그렇게 말한 거야."

"그렇다면 그건 추측이 아니지. 그림이 없는 걸로 생각하고 길이를 정확히 추측해서 실제 맞는지를 확인해야지."

"그럼, 눈에 보이지만 애써 보려 하지 말고 마음으로만 추측해 보자. 작은 원의 지름의 길이가 1센티인 것과 월 소득이 열 배인 것을 생각하면 큰 원의 지름의 길이는 얼마가 돼야 할까?"

"열 배니까, 저는 지름의 길이가 10센티여야 한다고 생각합니다."

"저도요."

👧 "좋아. 둘 다 10센티로 일치하네. 그럼 이제 자로 재보자. 길이가 얼마나와?"

👦 "정말 이상해요. 3센티 조금 넘어요. 좀 더 정확하게는 3.1에서 3.2센티 사이. 누가 잘못된 거예요? 우리예요, 아니면 기자예요?"

👩 "잠깐만요. 지름의 길이가 열 배가 되면, 넓이는 100배가 되잖아요. 아, 큰 원의 지름은 열 배가 되면 안 돼요."

👨 "갑자기 무슨 소리야?"

👩 "넓이를 계산해 봐. 작은 원은 반지름의 길이가 1센티면, 넓이는 (반지름)×(반지름)×3.14니까 3.14제곱센티미터야. 큰 원의 반지름의 길이가 10센티면 넓이는 10×10×3.14, 계산하면 314제곱센티미터. 넓이가 열 배가 아니라 100배가 돼."

👦 "어쩌다 이런 일이. 그럼 반지름이 3.1이면 3.1×3.1×3.14, 계산하면 30.1754제곱센티미터, 반지름이 3.2라면 3.2×3.2×3.14, 계산하면 32.1536제곱센티미터. 대략 3.14의 열 배네. 박사님, 그럼 어떻게 재지 않고 3.1과 3.2 사이가 되는지 알 수 있어요?"

👩 "닮음이라는 개념을 정확히 이해했어야 하는데, 지금 보니까 제가 대충 이해했어요. 반성합니다."

👨 "뭘 반성한다는 거야?"

👩 "중학교에서 닮음을 정확히 배우거든. 일상에서 이렇게 쓰일 줄은 상상도 못했네. 그게 뭐냐 하면… 길이가 1인 정사각형으로 설명해 볼게. 이렇게, 길이를 두 배 늘리면 넓이는 두 배가 아니라 네 배가 돼."

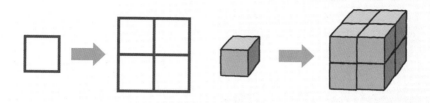

"맞네. 그럼 길이를 두 배 늘리면 부피는 두 배가 아니라 여덟 배. 그러니까 넓이는 2×2배, 부피는 $2 \times 2 \times 2$배인 거야? 항상?"

"항상 성립하는지는 생각해 봐야 되는데… 그걸 뭐라고 하죠, 박사님?"

"일반화. 공식이나 법칙, 성질, 정리라고 이름 붙인 것들이 다 그런 거야."

"어떤 특수한 사실을 보면 그것이 항상 성립하는지를 생각하는 것, 그게 수학을 발견하는 아주 중요한 습관이라고 하셨어요."

"그런데 왜 항상 성립하는 거야? 몇 개 해보면 다 성립하기는 해. 길이가 세 배 늘어나면 넓이는 3×3배, 부피는 $3 \times 3 \times 3$배, 이렇게."

"모든 예를 들 수 있는 건 아니니까 그렇게 예를 드는 것으로 항상 성립한다고 주장하기는 어렵지. 중학교 교과서에서는 문자를 사용해서 설명해. 문자 k를 써서, 어떤 도형의 변의 길이를 k배 늘이면 넓이는 $k \times k$배, 부피는 $k \times k \times k$배 늘어난다는 거지. 여기서 $k \times k$를 중학교에서는 보다 간단히 k^2으로 쓰고, $k \times k \times k$는 k^3으로 쓰는데, 초등학교에서처럼 곱하기를 계속 사용해도 상관없어."

"다빈이가 교과서에서 학습한 내용을 정확히 설명했는데, 레오, 어때? 이해했어? 스스로 설명해 볼래?"

👓 "오랜만에 문자를 써볼까요? 그리고 정사각형으로만 얘기하면 다른 사각형에서는 성립하지 않을 것이라는 의문을 줄 수 있으니까, 저는 직사각형으로 설명해 볼게요. 여기 가로, 세로의 길이가 각각 a, b인 직사각형이 있어요. 그 넓이는 $a \times b$예요. 그 직사각형의 가로, 세로의 길이를 각각 k배하면 큰 직사각형의 가로, 세로의 길이는 각각 $a \times k$, $b \times k$가 되고 그 넓이는 $a \times k \times b \times k$, 즉 $a \times b \times k \times k$가 되니까 원래 넓이보다 $k \times k$, 즉 k^2배가 됩니다. 이렇게 설명하면 되죠?"

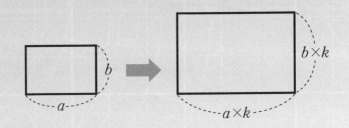

👧 "와, 직사각형을 이용하다니."

👩 "저는 처음에 한 변의 길이를 1로 뒀는데, 그것도 문자로 써야겠어요. 그래야 보다 더 일반적인 설명이 될 것 같아요."

👩 "좋아. 그럼, 이제 본질로 돌아가 보자. 넓이가 열 배인 원을 그리려면 반지름의 길이가 몇 배여야 할까?"

👓 "반지름의 길이가 k배라면 넓이는 k^2배니까 제곱해서 10이 되는 수를 찾으면 되지 않을까요?"

👩 "맞아. 제곱해서 10이 되는 수. 그걸 교과서에서 제곱근이라고 했어. 여기서는 길이니까 양수만 취급하겠지? 그럼, 10의 양의 제곱근을 구

204

하는 문제가 되겠네. 참고로, 이런 수를 $\sqrt{10}$ (루트 10)이라고 해."

"아, 저 기호 어디선가 봤어. 중학교에서 배우는 걸 난 이렇게 또 미리 보게 되네. 그런데 두 번 곱해서 10이 되는 수는 없잖아. 3을 두 번 곱 하면 9, 그다음 수 4를 두 번 곱하면 16이니까."

"자연수만 생각하면 그렇고, 소수를 생각해야 해. $3^2=9$, $4^2=16$이니 까 제곱해서 10이 되는 수는 3보다 조금 큰 수일 거야. 3.1을 제곱하 면 9.61이니까 약간 큰 3.2를 제곱해 보자. 10.24야. 그러니까 제곱해 서 10이 되는 수는 3.1과 3.2 사이의 수가 되겠네."

"그럼, 아까 자로 쟀을 때 3.1과 3.2 사이 값이 나온 게 정확했네. 아휴, 넓이가 열 배인 것을 잘못 생각해서 지름이 열 배인 것으로 착각했다 니."

"좋은 경험 한 거지 뭐. 너희 얘기를 듣다 보니 수학적 민감성이 발달 했다는 게 느껴지거든. 말 나온 김에 좀 더 생각해 보자. 원뿔 모양 컵 에 음료수가 가득 들었다고 할 때, 음 료수를 친구와 정확히 반씩 나눠 먹으 려면 어느 선에서 반을 나눠야 할까?"

"6은 좀 그렇고, 7 정도면 될 것 같은 데요."

"왜? 설명할 수 있을까?"

"설명하라고요? 그냥 눈짐작으로 맞 혀 본 거예요."

"계산을 정확히 해봐야겠어요. 원뿔의 부피를 구하려면 밑면인 원의 반지름을 알아야 하는데, 반지름이 없어요. 사실 정확한 높이도 없고. 부피를 구할 수만 있다면 어떻게든 문제를 해결할 수 있겠는데."

"맞아, 주어진 상황이 친절하지 않은 문제야. 예를 들어 높이가 10센티면 10등분한 위치가 자연수로 딱딱 표시되고, 밑면인 원의 반지름의 길이도 10센티라고 주어지면 계산하기 편리할 텐데 말야. 고민을 더 해보자. 우리가 구하려는 게 뭐지?"

"전체의 절반 위치가 어딘가 하는 거요."

"그러니까 전체가 얼마인지는 찾을 필요가 없고, 전체와 절반의 비가 2 : 1이 되는 지점을 찾는 문제네요."

"바로 그거야. 우리가 구하려는 건 전체 부피가 얼마인지, 내가 얼마를 먹고 친구가 얼마를 먹어야 하는지가 아니라 비율이야. 비율을 구한다는 게 복잡해 보일 수도 있는데, 그 반대인 경우가 오히려 많아. 비율은 두 값을 나눈 것이니까 약분을 생각하면 양쪽에서 갖는 똑같은 수치는 버려도 되고, 그렇게 하면 계산 과정이 많이 줄어드는 장점이 있으니까. 비율 감각이 부족한 사람은 처음부터 끝까지 모든 수치를 구하고 그걸 나눠 비율을 구하는 방법을 사용하면 되고, 각자 취향대로 계산하면 될 거야."

"말씀하시는 사이에 암산을 해보니 8이 절반에 가까워요."

"말도 안 되는 소리예요. 8이면 위로 9와 10밖에 없는데 그게 어떻게 절반이야. 7도 절반이 안 될 것 같은데."

👧 "나도 당황스러워. 하지만 7이면 $\frac{1}{3}$밖에 안 돼. 정말 그런지는 좀 더 알아봐야겠지만."

👩 "그래? 나도 답을 아직 몰라."

👵 "부피를 생각해야 하니 길이의 비의 세제곱을 떠올렸어요. 저도 눈으로 보기에는 7 아래일 것 같았는데, 전체를 10으로 보면 전체와 7 아래 길이의 비가 10 : 7이기 때문에 부피의 비는 각각을 세제곱한 1000 : 343이에요. 그럼 $\frac{1}{3}$ 정도밖에 안 되는 거죠. 그래서 8일 때를 계산해 봤어요. 10 : 8을 각각 세제곱하니까 1000 : 512가 나왔는데, 절반인 500을 조금 넘지만, 그래도 이 경우를 절반이라고 하는 게 타당해요."

👧 "잠깐만요. 8을 세 번 곱하면 정말 512가 나오는지 확인해 볼래요. 8×8=64, 64×8=512. 맞네요. 그런데 어딘가 틀린 것만 같아요."

👩 "계산도 맞고 답도 맞아. 내가 정답이라는 판단을 바로 주지 않으려 했을 뿐이야. 사실 이 부분을 직관적으로 인정하기는 어려울 거야. 인간의 눈짐작이 얼마나 형편없는지를 느끼게 하는 문제거든. 사람은 누구나 길이 감각 정도는 지니지만 넓이나 부피 감각에 대해서는 저마다 많은 차이를 보여. 그중에서도 부피 감각은 대부분에게 거의 없다고 봐야 할 정도야. 공간 감각이라고도 하는데, 들어본 적 있어?"

👧 "엄마가 몇 번 와본 길인데도 잘 모르겠다고 하시니까 아빠가 여자들은 공간 감각이 부족하다고 하셨어요. 저도 그런 것 같아요."

👧 "저도 지능 검사 받았을 때 공간 감각이 떨어진다고 했어요."

"상대적이겠지만 사람에게는 공간 감각이 부족한 게 사실이야. 눈으로 볼 수 있는 것이라고는 고작 자기 시야에 들어오는 것뿐, 건물 등으로 가려진 부분이나 산 너머에서 벌어지는 일은 전혀 파악할 수 없는 게 당연하잖아. 그래서 공간 감각이야말로 수학의 힘을 빌리지 않고는 정확히 말하기가 어려운 부분이야. 눈으로는 컵의 8쯤 되는 지점이 도저히 절반 위치라고 말하고 싶지 않겠지만, 수학적인 계산을 통해 그게 절반이라는 걸 밝혀냈잖아. 그렇다면 컵에서 5 아랫부분은 전체의 얼마나 될까?"

"$\frac{1}{4}$ 정도 될 것 같아요. 물론 대충 짐작해 본 거예요. 금방 박사님께서 수학적으로 계산하라고 하셨는데, 저도 모르게 눈짐작해 버렸어요. 수학적으로 계산해 볼게요. 10 : 5를 세제곱하면 1000 : 125, 125×8=1000이니까 $\frac{1}{8}$이네요. 아니, 이거밖에 안 된다고요?"

"금방 박사님께서 말씀하셨잖아. 알량한 공간 감각을 믿지 말고 수학적인 계산 결과를 인정하라고. 박사님, 저는 10 : 5를 미리 약분해서 2 : 1로 놓고 세제곱하니까 8 : 1이 나왔어요. 그래서 5 이하가 전체의 $\frac{1}{8}$인 걸 알았어요."

"그렇다면 혼자 이 컵에 든 주스를 빨대로 한 모금씩 마신다고 치자. 일곱 번을 마셨을 때 주스가 5만큼 남았다면, 이제 남은 주스는 몇 모금일까?"

"아까 5 아래가 전체의 $\frac{1}{8}$이라고 했으니, 전체를 8로 보면 5 위가 전체 8 중 7인 거고, 5 아래가 1인 거잖아요. 일곱 모금 먹었으면, 남은 건 이제 한 모금인데요?"

"아, 저 실제로 그런 적 있어요. 주스가 많이 남았다고 생각해서 빨대로 들이마셨는데, 한 모금밖에 못 먹은 거예요. 그때 뭔가 이상하다고 생각했는데, 실제 그럴 수가 있는 거네요."

"다음에 원뿔 모양 컵으로 주스를 마시게 되면 지금 감각을 다시 실험해 봐. 도형의 닮음에 대한 민감성을 확실히 키울 수 있을 거야."

레오의 일기

제목 : 타원과 현악기

계란은 타원 모양이 아니었다. 타원에 대해 알아보고 난 뒤부터는 여기저기서 타원이 보인다. 마침 우연히 보게 된 영화 「아고라」도 타원 궤도를 다루고 있어서 깜짝 놀랐다. 수학 개념은 관심을 가질수록 빨리 다가오고, 현실에서 무지 많이 발견된다는 박사님 말씀이 또 들어맞았다.

타원 모양인 편종을 시작으로 우리 전통악기 가야금과 거문고를 살펴보았다. 이들 악기는 줄이 하나인 일현금에서 시작된 것으로 추측할 수 있다. 현악기 중 가장 간단한 것은 현이 하나뿐인 일현금일 것이다. 인터넷에서 검색해 보니 여러 종류의 일현금이 나왔다.

일현금은 현 아래 줄받침을 움직임으로써 음의 높이를 조절하는 악기다. 줄의 길이와 음 사이의 관계를 그대로 적용해 보다 높고 다양한 소리를 조합하는 악기인 가야금, 거문고를 만들었을 것이다.

따지고 보면 기타도 마찬가지다. 줄의 길이의 $\frac{2}{3}$ 가 되는 지점을 잡으면 소리가 완전5도 올라가고, 줄의 길이가 $\frac{1}{2}$ 이 되는 지점을 잡으면 한 옥타브 높은 소리가 난다.

같이 생각해 봐요

타원의 성질, 타원의 원리를 이용하는 것이 무엇인지 조사해 봐야겠다.

수학이 살아있다 국내편

지은이 | 최수일 · 박일
그림 | 조경규

초판 1쇄 인쇄일 2017년 5월 29일
초판 1쇄 발행일 2017년 6월 5일

발행인 | 한상준
편집 | 김민정, 윤정기
마케팅 | 강점원
표지 디자인 | 조경규
본문 디자인 | 김경희
종이 | 화인페이퍼
제작 | 제이오

발행처 | 비아북(ViaBook Publisher)
출판등록 | 제313-2007-218호(2007년 11월 2일)
주소 | 서울시 마포구 월드컵북로6길 97(연남동 567-40 2층)
전화 | 02-334-6123 팩스 | 02-334-6126 전자우편 | crm@viabook.kr
홈페이지 | viabook.kr

ISBN 979-11-86712-44-3 03410

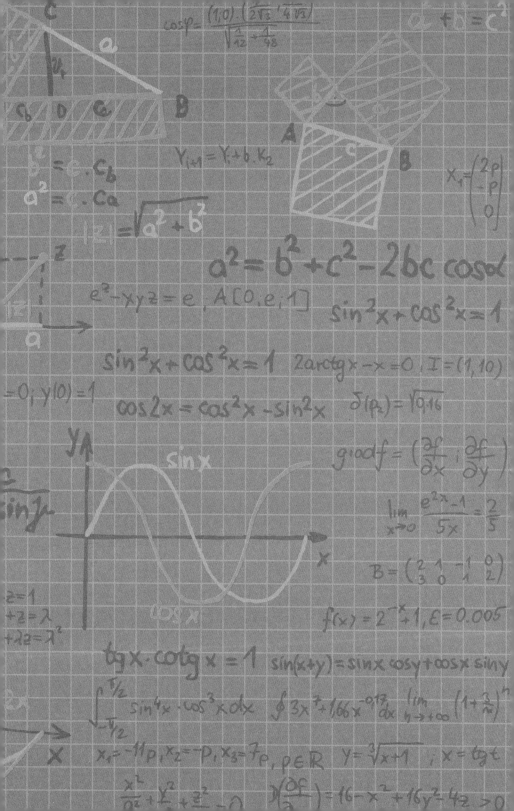

$\cos\varphi = \dfrac{(1,0)\cdot\left(2\sqrt{3},4\sqrt{3}\right)}{\sqrt{\frac{1}{12}+\frac{1}{48}}}$

$a + b = c^2$

C

a

$2l_4$

C_b D C_a B

A

B

$b = e\cdot c_b$

$a^2 = e\cdot c_a$

$|z| = \sqrt{a^2 + b^2}$

$Y_{i+1} = Y_i + b\cdot K_2$

$X_1 = \begin{pmatrix} 2p \\ -p \\ 0 \end{pmatrix}$

z

$|z|$

a

$a^2 = b^2 + c^2 - 2bc\cos\alpha$

$e^2 - xyz = e,\ A[0,e,1]$

$\sin^2 x + \cos^2 x = 1$

$\sin^2 x + \cos^2 x = 1$ $2\operatorname{arctg}x - x = 0,\ I = (1,10)$

$= 0;\ y(0) = 1$

$\cos 2x = \cos^2 x - \sin^2 x$ $\delta(p_2) = \sqrt{0,16}$

y

$\sin x$

$\operatorname{grad} f = \left(\dfrac{\partial f}{\partial x},\ \dfrac{\partial f}{\partial y}\right)$

$\dfrac{2}{\sin\mu}$

$\lim\limits_{x\to 0}\dfrac{e^{2x}-1}{5x} = \dfrac{2}{5}$

x

$B = \begin{pmatrix} 2 & 1 & -1 & 0 \\ 3 & 0 & 1 & 2 \end{pmatrix}$

$z = 1$

$+z = \lambda$

$+\lambda z = \lambda^2$

$f(x) = 2^{-x} + 1,\ \mathcal{E} = 0.005$

$\operatorname{tg}x\cdot\operatorname{cotg}x = 1$ $\sin(x+y) = \sin x\cos y + \cos x\sin y$

$\displaystyle\int_{-\pi/2}^{\pi/2}\sin^4 x\cdot\cos^3 x\,dx$ $\oint 3x^7 + 1,66x^{-0,17}dx$ $\lim\limits_{n\to+\infty}\left(1+\dfrac{3}{n}\right)^n$

X

$x_1 = -11p,\ x_2 = -p,\ x_3 = 7p,\ p\in\mathbb{R}$ $y = \sqrt[3]{x+1}$; $x = \operatorname{tg}t$

$\dfrac{x^2}{a^2} + \dfrac{y^2}{b^2} + \dfrac{z^2}{c^2} = 0$ $D\left(\dfrac{\partial f}{\partial}\right) = 16 - x^2 + 16y^2 - 4z > 0$

$$2x^2 y y' + y^2 = 2$$

$$\cos 2x = \cos^2 x - \sin^2 x$$

$$\frac{\partial z}{\partial x} = 2, \quad \frac{\partial z}{\partial y} = 0 \qquad \vec{n} = (F_x'; F_y'; F_z')$$

$$\sin(x+y) = \sin x \cos y + \cos x \sin y$$

$$A = \begin{pmatrix} x, & 1+x^2, & 1 \\ y, & 1+y^2, & 1 \\ z, & 1+z^2, & 1 \end{pmatrix}, \quad x=0, y=1, z=2$$

$$X_2 = \begin{pmatrix} -\alpha \\ \beta \\ -\gamma \\ -\delta \end{pmatrix}$$

$$\sum_{i=0}^{n} (P_z(x_i) - y_i)^2$$

$$A = [1,0,3]$$

$$\alpha, \beta, \gamma \in \mathbb{C}$$

$$z = \frac{1}{x} q_t$$

$$\lim_{h \to +\infty} \frac{\sqrt{h}}{3}$$

$$y = \cot g\, x$$

$$tg\, x \cdot \cot g\, x = 1$$

$$\frac{a}{\sin \alpha}$$

$$\int R\left(x, \sqrt[5]{\frac{ax+b}{cx+d}}\right) dx$$

$$\sin 2x = 2 \sin x \cdot \cos x$$

$$\frac{\sin x}{x} \leq \frac{x}{x} = 1$$

$$\frac{2x}{x^2 + 2y^2} = 2$$

$y = x^2$

$y = x$

cotg x

tg x

x

cos x

M

$$A + B + C = 8$$
$$-3A - 7B + 2C = -10,3$$
$$-18A + 6B - 3C = -15$$

$$h = \lambda^2 - 3\lambda_0 + 1 \neq 0$$

$$C = [0,1]$$

1
1   1
1   2   1
1   3   3   1
1   4   6   4   1

$$X_1 = \begin{pmatrix} a \\ \end{pmatrix}$$

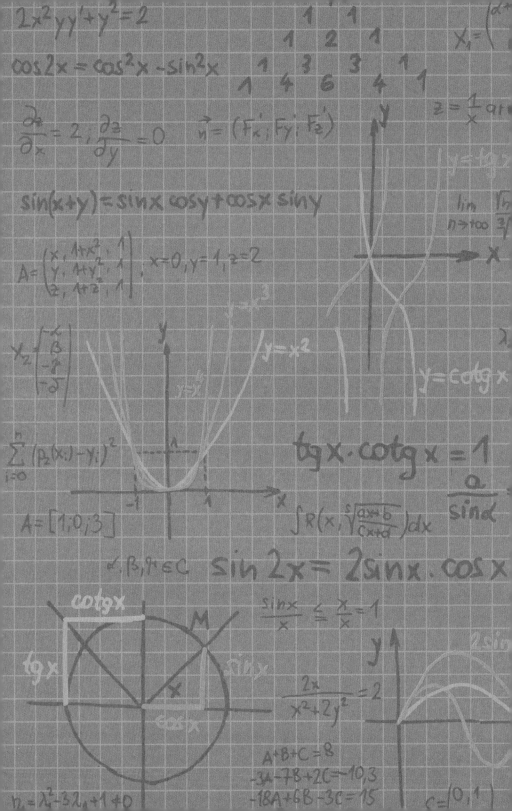